钳工加工技术项目化教程

主　编　车君华　李培积　李　莉
副主编　曾　茜　王　勇　张泽衡
　　　　刘亚丽　孟　皎　步延生
参　编　丁明辉　徐西华　王　谦
　　　　李大庆　冀永帅　孙国艳

北京理工大学出版社
BEIJING INSTITUTE OF TECHNOLOGY PRESS

图书在版编目（CIP）数据

钳工加工技术项目化教程/车君华，李培积，李莉主编. —北京：北京理工大学出版社，2018.11

ISBN 978-7-5682-4279-0

Ⅰ.①钳… Ⅱ.①车… ②李… ③李… Ⅲ.①钳工-教材 Ⅳ.①TG9

中国版本图书馆 CIP 数据核字（2018）第 247734 号

出版发行 / 北京理工大学出版社有限责任公司
社　　址 / 北京市海淀区中关村南大街 5 号
邮　　编 / 100081
电　　话 /（010）68914775（总编室）
　　　　　（010）82562903（教材售后服务热线）
　　　　　（010）68948351（其他图书服务热线）
网　　址 / http：//www.bitpress.com.cn
经　　销 / 全国各地新华书店
印　　刷 / 涿州市新华印刷有限公司
开　　本 / 787 毫米×1092 毫米　1/16
印　　张 / 11.25　　　　责任编辑 / 张鑫星
字　　数 / 264 千字　　　　文案编辑 / 张鑫星
版　　次 / 2018 年 11 月第 1 版　2018 年 11 月第 1 次印刷　　　　责任校对 / 周瑞红
定　　价 / 48.00 元　　　　责任印制 / 李　洋

前言

本教材是针对钳工加工技术和德国手动工具加工学习领域，融合德国职业资格标准要求、德国职业教育行动导向课程开发和多年项目实施经验编写而成的。本教材编写遵循以学生为中心、成果导向和持续改进三大理念，以培养学生钳工实际操作技能和职业素养养成为主线，结合德国双元制教学中的行动导向教学法，以一个综合任务情景项目为依托，强化学生的执行能力、动手能力及生产情景下的“实施质量管控、尺寸检测、成果评估”等工作能力，培养学生独立解决问题的能力，提升学生质量管理意识和成本意识，培养学生安全生产的职业习惯和职业素养。

课程实施采用理实一体化教学形式，建议教学为 80 ~ 112 学时，根据学时数缩减相关工艺过程，如毛坯选择和下料的差别会导致不同的加工工艺，建议完整实施此教材的工艺过程，利于磨炼学生心性，利于打牢学生的专业基础知识，提升学生的职业素养与习惯和技能水平。

本教材编写得到了德国工商大会上海代表处及其德国专家的大力支持，可作为高等院校制造类专业钳工技能训练与理论指导教材，也可以作为企业职工培训考级的专业教材。

由于编者水平有限，编写时间仓促，书中难免有不妥之处，敬请广大读者批评指正。

编　者

目　　录

项目一 钳工加工技术知识库

知识一 安全与管理知识

一、6S 精益管理简介

1. 6S 小常识

6S 就是整理（Sort）、整顿（Store）、清扫（Shine）、安全（Safety）、标准化（Standardise）和素养（Sustaining），因为这 6 个词的首字母都是 S，所以简称为“6S”，6S 管理循环如图 1－1－1 所示。

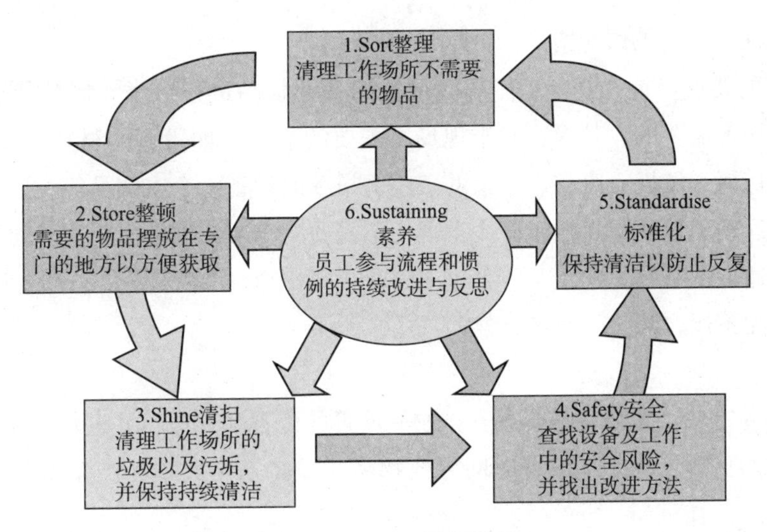

图 1－1－1　6S 管理循环

2. 6S 的定义

1）整理

（1）整理的定义：整理就是区分需要和不需要的东西，把不需要的东西处理掉。其目的是把“空间”整理出来灵活运用，根据现场物品处理原则，只留下需要的物品，整理区分见表 1－1－1。

表1-1-1 整理区分

区分	使用频率	保管方法
必需品	每时都要使用	现场保管
	每天使用一次	
	每周使用一次	
非需品	每月使用一次	现场保管
	两个月至半年使用一次	指定场所保管
	半年至一年使用一次	
不需品	一年中从不使用	废弃或变更

（2）整理的目的：

①改善和增加作业面积。

②现场无杂物，通道畅通，提高工作效率。

③减少磕碰事故，保障安全，提高质量。

④消除管理上的混放、混料等差错事故。

⑤有利于减少库存量，节约资金。

⑥改变作风，提高工作情绪。

（3）整理的要点：首先要对生产现场摆放的各种物品进行分类，区分什么是现场需要的，什么是现场不需要的；其次，对于现场不需要的物品，如用剩的材料、多余的半成品、切下的料头、切屑、垃圾、废品、多余的工具、报废的设备、个人物品等，要坚决清除到生产现场以外，这项工作的重点在于坚决把现场不需要的东西清理掉。对于车间里各个工位或设备的前后、通道左右、厂房上下、工具橱内外以及车间的各个死角，都要彻底搜寻和清理，达到现场无不用之物。

2）整顿

（1）整顿的定义：整顿就是合理安排物品放置的位置和方法，并进行必要的标识。

（2）整顿的目的：在于不浪费时间寻找物品，提高工作效率和产品质量，保障生产安全。

（3）整顿的要点：

①物品摆放要有固定的地点和区域，以便于寻找，消除因混放而造成的差错。

②物品摆放地点要科学合理。例如，根据物品使用的频率，经常使用的东西应放得近些，偶尔使用或不常使用的东西则应放得远些。

③物品摆放目视化，使物品摆放做到过目知数，摆放不同物品的区域采用不同的色彩和标记加以区别。

3）清扫

（1）清扫的定义：清扫就是清除现场内的脏污和物料垃圾等。

（2）清扫的目的：在于清除污垢，保持现场干净明亮。

（3）清扫的要点：

①自己使用的物品，如工具、设备等，要自己清扫，而不依赖他人，不增加专门的清扫工人。

②对设备的清扫，着眼于对设备的维护保养。清扫设备要同设备的点检结合起来，清扫即点检，清扫设备要同时做设备的润滑工作，清扫也是保养。

③清扫也是为了改善环境，当清扫地面发现有铁屑和油、水泄漏时，要查明原因，并采取措施加以改进。

4）安全

（1）安全的定义：安全就是指生产过程中，将系统的运行状态对人的生命、财产、环境可能产生的损害控制在人能接受水平以下的状态。

（2）安全的目的：在于保障劳动者的人身、财产和环境不受损害。

（3）安全的要点：

①加强安全教育，提高安全意识。

②严格做好安全防护措施。

③认真执行安全操作规范。

④强化设备维护保养，做好本质化安全。

⑤加强安全演练。

5）标准化

（1）标准化的定义：标准化就是指将整理、整顿、清扫、安全实施的做法制度化、规范化、标准化，以维持其成果。

（2）标准化的目的：在于认真维护并坚持整理、整顿、清扫、安全的效果，使其保持最佳状态。

（3）标准化的要点：

①各类标识齐全统一。

②工夹量刀具摆放整齐、统一。

③实训加工操作规范。

6）素养

（1）素养的定义：素养就是指人人按章操作、依规行事，养成良好的习惯。

（2）素养的目的：提升“人的品质”，培养对任何工作都讲究、认真的人员。

（3）素养的要点：认真做好整理、整顿、清扫、安全、标准化工作，并坚持较长时间，无论环境如何变化，认真执行上述6S工作不打折扣，养成对任何事都认真、讲究的习惯。

二、安全生产与防护

对于在车间工作的员工和参加实训的学生来说，不注意生产中的安全防护可能会带来极其严重的后果。一次意外事故可能会缩减甚至断送个人的职业生涯，更会给个人和家庭带来极大的痛苦。安全生产事故案例如图 1 –1 –2 所示。

图 1 –1 –2　安全生产事故案例

因此，个人需要在工作实践中注意积累安全生产方面的宝贵经验，牢固树立“安全第一”的思想。

1. 个人的安全防护

1）眼睛的防护

机床在加工工件时，产生的高温金属切屑常会以很快的速度飞出，有的还可能弹得很远，稍不注意就可能使周围人的眼睛受伤，在车间进行相关操作时一定要做到时刻佩戴防护眼镜。

常见的防护眼镜有两种，图 1 –1 –3 所示为适合近视的人员佩戴，图 1 –1 –4 所示为适合非近视的人员佩戴，图 1 –1 –5 所示为防护眼镜（近视型）佩戴实例，图 1 –1 –6 所示为防护眼镜（非近视型）佩戴实例。

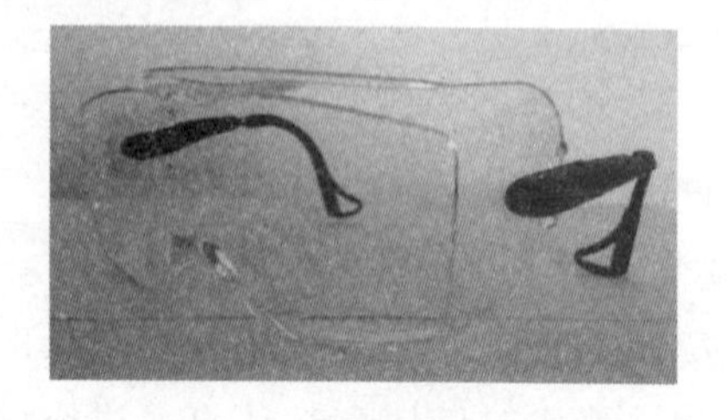

图 1 –1 –3　防护眼镜（近视型）

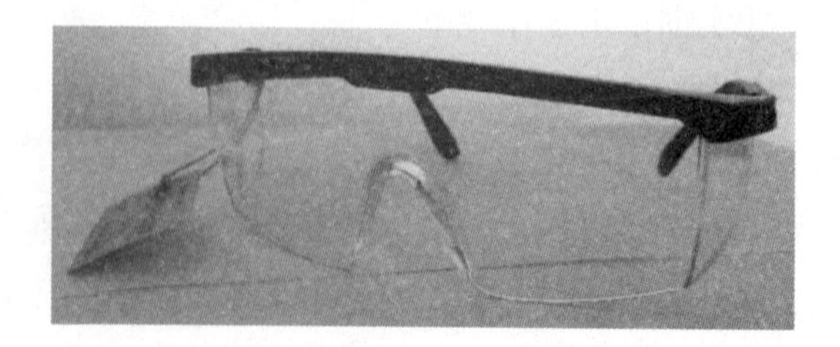

图 1 –1 –4　防护眼镜（非近视型）

图 1－1－5　防护眼镜（近视型）佩戴实例

图 1－1－6　防护眼镜（非近视型）佩戴实例

2）听力的防护

在车间里，当离噪声较大的设备较近时，如何保护听力不受损害也是安全工作的重要内容。

国家卫生健康委员会在《工业企业职工听力保护规范》中规定每工作日 8 h 暴露于等效声级大于等于 85 dB 的职工，应当进行基础听力测定和定期跟踪听力测试，若短期在噪声环境下工作，超过 115 dB 必须佩戴防护耳塞，防护耳塞如图 1－1－7 所示；也可以佩戴防护耳罩，如图 1－1－8 所示。

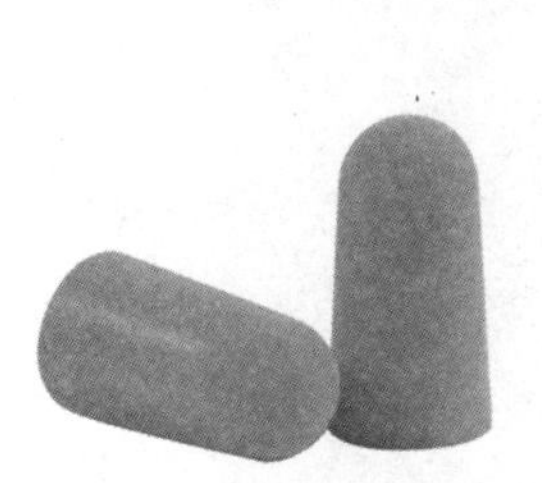

图 1－1－7　防护耳塞

图 1－1－8　防护耳罩

按照《金属切削机床通用技术条件》（GB/T 9061—2006）的规定，机床噪声的容许标准是高精度机床应小于 75 dB，精密机床和普通机床应小于 85 dB。

3）呼吸道的防护

磨屑是由砂轮机磨削工件或刀具的过程中不断产生的，它包含了大量的对人体有害的细小金属颗粒和砂轮磨料。为了减少空气中磨屑的含量，大部分磨削加工机械都安装了真空除尘设备。此外，添加冷却液也有一定的除尘作用，未安装除尘设备的机械设备，操作人员在工作时需佩戴防护口罩或防护面罩，如图 1－1－9 和图 1－1－10 所示。

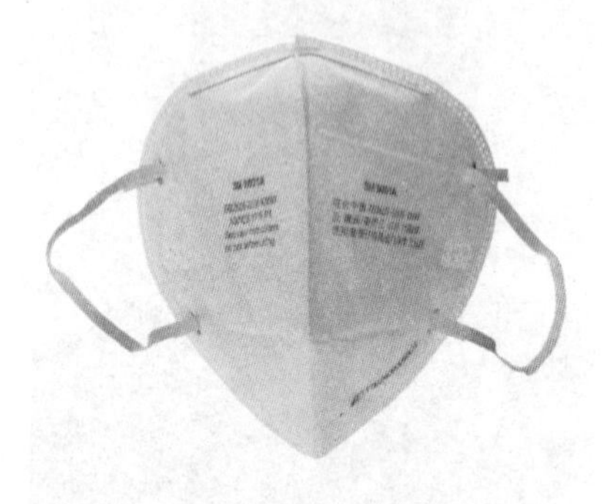

图 1－1－9　防护口罩

图 1－1－10　防护面罩

4）头部与身体的防护

在车间工作与实训时，应当穿着工装，禁止佩戴领带、围巾等，工装穿着实例如图 1－1－11 所示。长发男生及女生应佩戴工作帽，并将长发置于工作帽内，以免头发卷入机器中，从而发生灾难性的事故，如图 1－1－12 所示。操作机床时不可戴手表、手镯、手串、戒指等配饰，以免在机床加工中因剐带而造成人员及配饰损坏。工装要做到“四紧”，即袖口紧、领口紧、下摆紧、裤腿紧。

（a）

（b）

图 1－1－11　工装穿着实例

图 1－1－12 头发卷入机器

应尽量避免切削液等液体溅到工装，工装应做到及时清洗，保持清洁卫生。

5）脊柱、腰部的防护

在搬运重物时，不正确的姿势可能会导致脊柱、腰部损伤，甚至使个人丧失劳动能力。当然只要注意正确的搬运姿势和步骤，是完全可以避免这种危险的。不要过高地估计自己的能力，搬运较重的物体时应请同伴帮忙或使用叉车、行车等起重设备。搬运重物的姿势如图 1－1－13 所示。

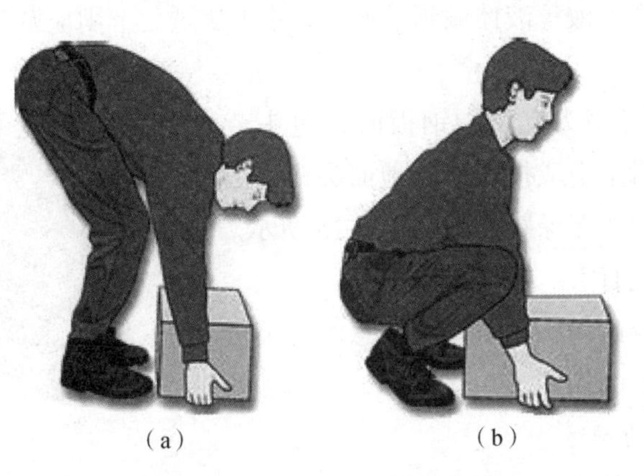

（a）　　（b）

图 1－1－13 搬运重物的姿势

（a）错误姿势；（b）正确姿势

正确搬运重物的步骤如表 1－1－2 和图 1－1－14 所示。

6）手部的防护

在加工操作的过程中，不要用手直接接触金属屑，因为切屑不仅十分锋利，而且温度较高，应使用毛刷等清除切屑。操作机床时严禁戴手套，若手套被机床部件等刷带，手臂有卷入机器中的风险。

表 1－1－2　正确搬运重物的步骤

序号	步　骤
1	下蹲，膝盖弯曲，保持腰背平直
2	腿部肌肉平稳用力，逐步抬起重物，保持背脊成直线状态
3	将重物放在易搬运的地方，并注意周围环境
4	将重物放回地面时，要采用与搬运时相类似的方式

(a)　(b)　(c)　(d)

图 1－1－14　正确搬运重物的步骤

此外，各种冷却液和溶剂对手部都有刺激作用，经常接触可能会引起皮疹或其他皮肤感染，所以应尽量避免切削液等液体溅到手上，如果无法避免，则应及时洗手。

7）脚部的防护

在车间里，应穿着脚头有防护钢板的钢包头劳保鞋，以避免工件落到脚上造成损伤以及地面尖锐的金属切屑带来的伤害。钢包头劳保鞋如图 1－1－15 所示。

8）严禁在车间内打闹

车间不是打闹玩耍的场所，一些不经意的玩笑可能给个人和他人带来严重的伤害。

图 1－1－15　钢包头劳保鞋

2. 机械伤害事故的预防

车间内有各式各样的机床设备，每种机床设备可以实现的功能不同，它们的操作方法也不尽相同。因此我们在操作不同的机床设备前就要熟知各种安全规程和操作规程，只有高度的安全意识和规范的操作技能才能保障自身的安全，机械加工禁令如图 1－1－16 所示。

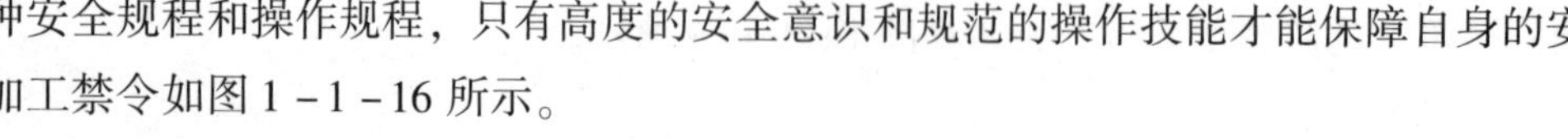

（1）每次开动设备前，应明确以下问题：

①知道怎么使用这台机床设备吗？

②知道这台机床设备潜在危险吗？

③知道急停开关在哪里吗？

图 1－1－16 机械加工禁令

④所有的安全装置和个人防护都做好了吗？

⑤操作程序是否规范？

（2）各种机床设备主要的安全隐患如下：

在操作各种机床设备前，必须做好个人安全防护。

除特定设备外，禁止两人同时操作同一台机床。

两人同时操作时，应特别注意动作、口令一致。

钻床：

①工件、钻头必须装夹牢固。

②选取合适的切削参数。

③调速和测量前，必须停车。

④钻削时禁止用手直接接触钻头、工件及清理铁屑。

⑤禁止随意打开钻床配电箱。

车床：

①工件、车刀必须装夹牢固。

②卡盘扳手、上刀扳手必须及时取下。

③选取合适的切削参数。

④调速和测量前，必须停车。

⑤车削时禁止用手直接接触车刀、工件及清理铁屑。

⑥禁止随意打开车床配电箱。

铣床：

①工件、垫块、铣刀必须装夹牢固。

②铣床摇柄必须及时取下。

③选取合适的切削参数。

④调速和测量前，必须停车。

⑤铣削时禁止用手直接接触铣刀、工件及清理铁屑。

⑥禁止随意打开铣床配电箱。

磨床：

①工件必须装夹、吸合牢固。

②选取合适的切削参数。

③调速和测量前，必须停车。

④磨削时禁止用手直接接触工件、砂轮及清理铁屑。

⑤禁止随意打开磨床配电箱。

砂轮机：

①禁止戴手套操作。

②禁止两人同时使用一块砂轮。

折弯机：

①特别注意手部防护。

②两人配合操作时注意动作、口令一致。

剪板机：

①特别注意手部防护。

②两人配合操作时注意动作、口令一致。

配电柜：

①学生禁止操作配电柜。

②配电柜柜门随时保持闭合状态。

③电气设备检修时应断开总电源，并在柜门粘贴检修标识。

电气柜：

①禁止带电检修。

②移除气管前必须先关闭气源开关。

3. 消防安全

（1）严禁在车间内和油库附近吸烟。

（2）禁止明火作业。

（3）禁止占用疏散通道。

（4）禁止随意挪动消防器材。

（5）禁止乱接电线、电器。

（6）熟悉灭火器等消防器材的使用方法。

（7）定期检查灭火器。

灭火器的使用步骤如图 1－1－17 所示。

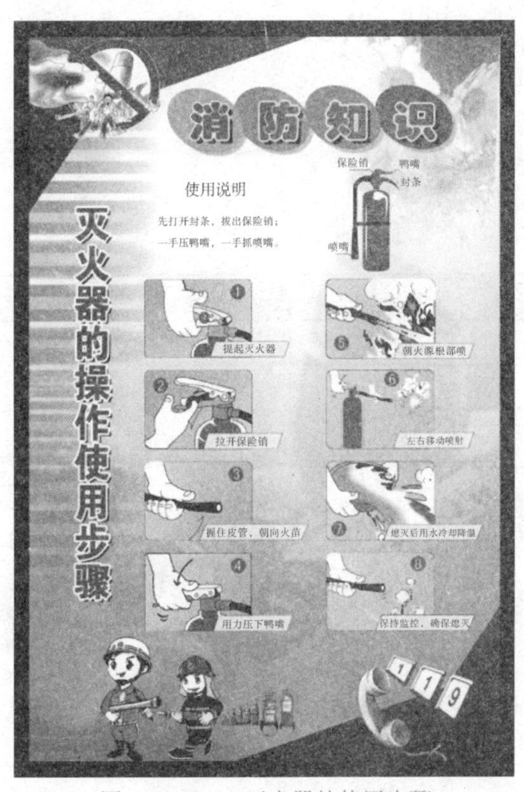

图 1－1－17 灭火器的使用步骤

4. 急救安全

对车间而言，常见的人身意外伤害主要包括划伤、出血、低血糖、中暑、触电等。

(1) 划伤急救措施：如果划伤较轻，可先用过氧化氢溶液冲洗伤口，然后用医用纱布缠绕伤口，注意不要缠绕过紧。除非比较紧急，否则不建议使用创可贴。如果伤口较大，出血较多，应先止血，待止血后使用过氧化氢溶液冲洗伤口，然后用医用纱布缠绕伤口。实训结束后，建议及时清除纱布，有利于伤口愈合。

(2) 出血急救措施：对于少量的外伤出血，可先使用过氧化氢溶液冲洗伤口，然后用医用纱布缠绕伤口。对于流鼻血，可以用手指捏住鼻梁下方的软骨部位压迫止血或使用凉水冲洗鼻梁部位止血，禁止将头仰起，这样会导致血流入口腔甚至被吸入肺部，既不安全也不卫生。对于出血量较多或内出血，应使用医用止血敷料等止血，并及时送医救治。

(3) 低血糖急救措施：出现低血糖症状时，应立即停止活动，保持静坐状态，同时补充葡萄糖等高糖食品。如果因低血糖出现晕厥，应及时按压患者的虎口、人中等部位使患者苏醒，并补充糖分。如果症状严重，需及时送医救治。

(4) 中暑急救措施：出现中暑症状时，应立即停止活动，去阴凉通风处，同时补充盐水。如果因中暑出现晕厥，应及时按压患者的虎口、人中等部位，搬运患者置阴凉通风处，并补充盐分。如果症状严重，需及时送医救治。

(5) 触电急救措施：发生触电事故后，应首先切断电源，然后搬运患者至安全地点，检查伤势。切忌未切断电源前用手直接接触触电人员。如果因触电发生昏迷，应立即开展心肺复苏，并及时送医救治。

5. 安全标志

安全颜色与标志见表 1－1－3。

表 1－1－3　安全颜色与标志

颜色	红	黄	绿	蓝	红
意义	禁止	警告	急救	指令	消防
衬底色	白	黑	白	白	白
图形颜色	黑	黑	白	白	白
形状	圆形	三角形	方形	圆形	方形
应用举例	禁止通行	当心火灾 易燃物质	急救	必须佩戴 安全帽	消防梯

三、车间的6S管理

1. 钳工台6S管理规范

(1) 钳工台使用后必须进行日常维护，参照图片标准执行；日常实训结束，实训指导教师（培训师）必须在现场监督学生对钳工橱进行6S整理，检查合格方可结束实训任务。

(2) 如需借用，请实训指导教师（培训师）联系区域负责人进行借用［必须实训指导教师（培训师）借用，不允许让学生代借］，长期使用应该办理交接手续，请参照《交接手续单》。

(3) 依照“谁使用谁管理，谁管理谁监督”的原则，使用者有义务按照6S管理标准执行。

(4) 钳工台台面6S管理规范：台面保持整洁干净，无工具、量具、垃圾、污物等，电源插口保持闭合，气源接口无气管，手柄保持关闭。

钳工台台面6S管理规范如图1-1-18所示。

图1-1-18 钳工台台面6S管理规范

(5) 钳工台虎钳6S管理规范：虎钳钳口、底座及周边部位保持整洁干净，无铁屑、垃圾、污物等。钳口自然合上，手柄下垂不歪斜，如图1-1-19所示。

2. 钳工台工具橱6S管理规范

钳工台工具橱内工具、量具等摆放如图1-1-20所示。

图 1－1－19　钳口自然合上，手柄下垂不歪斜

（a）

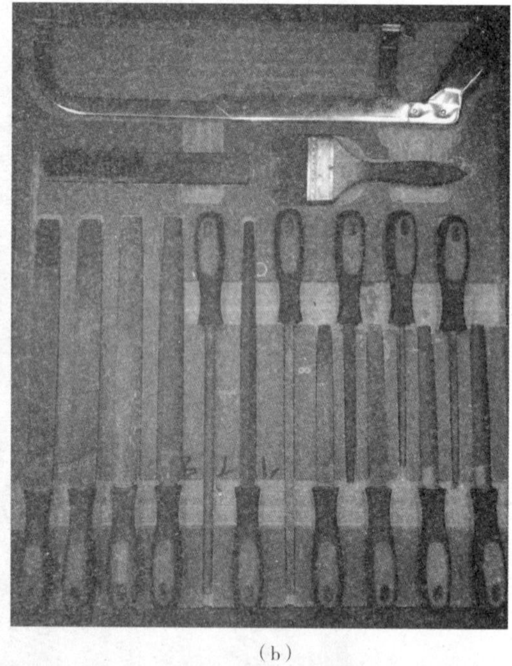

（b）

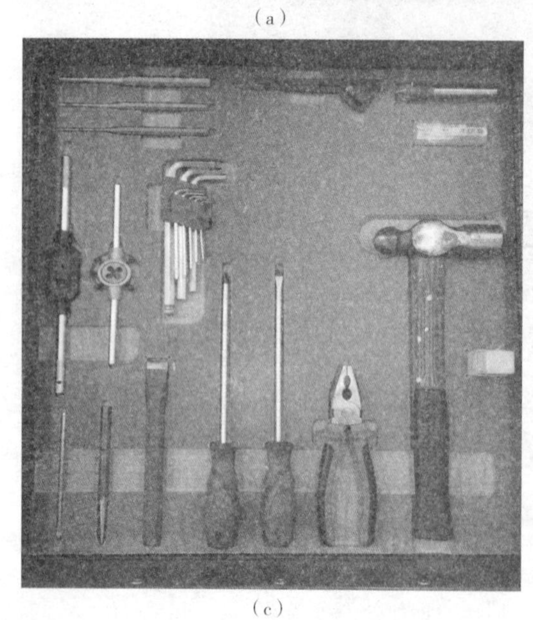

（c）

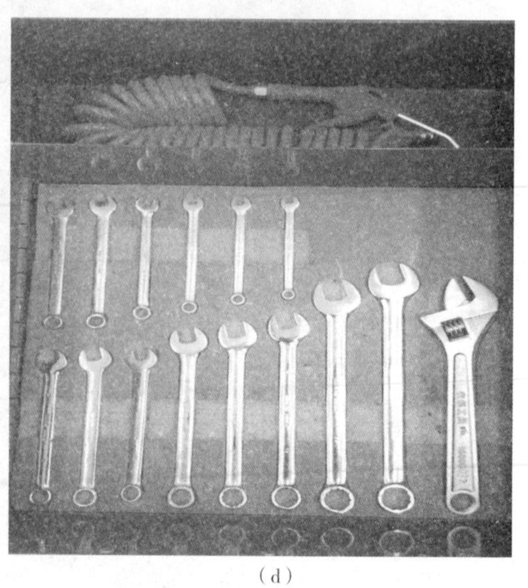

（d）

图 1－1－20　钳工台工具橱内工具、量具等摆放

所有物品严格按照靠模或标示图片放置，钥匙由区域责任人负责管理，如需借用，请联系区域责任人进行借用［必须实训指导教师（培训师）借用，不允许让学生代借］，长期使用应该办理交接手续，请参照《交接手续单》。依照“谁使用谁管理，谁管理谁监督”的原则，使用者有义务按照6S管理标准执行。

工具单由责任教师保管留底，工具如有非正常损坏和丢失按照制度进行更换或赔偿（请参照采购发票价格），正常损耗由仓管人员按报废处理。

下班保持台面干净无杂物、地面周围干净无油污，并对刀具、工具、量具等物品做好防锈工作。

实训结束后，工具橱应关闭并锁好，如图1－1－21所示。

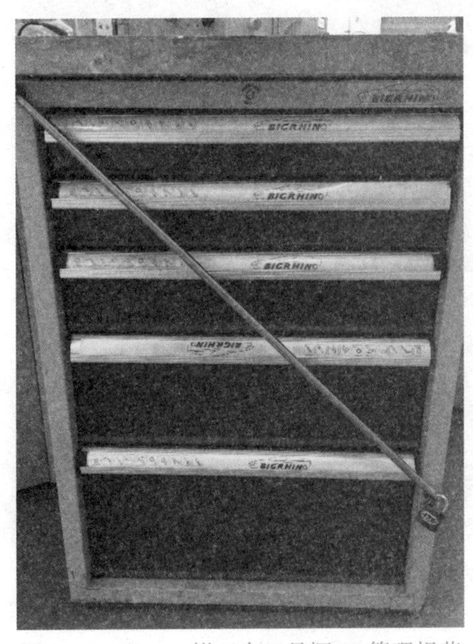

图1－1－21　钳工台工具橱6S管理规范

3. 车床6S管理规范

卡盘扳手、上刀扳手及时取下，卡盘自然咬合，溜板箱上无车刀且靠近尾座部位，车床导轨、铁屑盘整洁干净，无铁屑、垃圾等，车床6S管理规范如图1－1－22所示。

（1）机床使用后必须进行日常维护，参照《机床保养检查表》逐项执行；日常实训结束，实训指导教师（培训师）必须在现场监督学生对机床进行6S管理，检查合格后方可放学。

（2）如需借用，请实训指导教师（培训师）联系区域负责人进行借用［必须实训指导教师（培训师）借用，不允许让学生代借］，长期使用应该办理交接手续，请参照《交接手续单》。

（3）依照“谁使用谁管理，谁管理谁监督”的原则，使用者有义务按照6S管理标准执行。

(a)

(b)

图1-1-22　车床6S管理规范

4. 车床工具橱6S管理规范

(1) 所有物品严格按照靠模或标示图片放置，钥匙由区域责任人负责管理，如需借用，请联系区域责任人进行借用［必须实训指导教师（培训师）借用，不允许让学生代借］，长期使用应该办理交接手续，请参照《交接手续单》。依照“谁使用谁管理，谁管理谁监督”的原则，使用者有义务按照6S管理标准执行。

(2) 工具单由责任教师保管留底，工具如有非正常损坏和丢失按照制度进行更换或赔偿（请参照工具的采购发票价格），正常损耗由仓管人员按报废处理。

(3) 下班保持台面干净无杂物、地面周围干净无油污，并对刀具、工具、量具等物品做好防锈工作。

(4) 第一层放置车刀、量具类，将各种车刀及外径千分尺放入相应的模板内，第二层放置中心钻/钻头锥套、板牙锥套、活顶尖、卡盘扳手、上刀扳手、钻夹头扳手、加力套杆、毛刷等，第三层放置气枪等附件。工具橱应及时关闭并上锁。

车床工具橱6S管理规范如图1-1-23所示。

第一层

A—35°车刀;B—45°车刀；
C—90°车刀；D—4 mm车槽刀；
E—自制白钢车槽刀；
F—车刀垫片；
G—（备用）；
H—车孔刀；L—滚花刀；
M—（备用）；
N—0~25 mm 外径千分尺；
O—200 mm 游标卡尺

第二层

A，B—钻夹头；C—活顶尖；
D，E，G，H，L—套丝工具及板牙
（板牙规格为M5-M6-M8-M10-M12）；
F—钻头、铰刀、变径锥套；
M—卡盘扳手；N—上刀扳手；
O—加力套杆；P—毛刷

第三层

A—铁钩
本层可以灵活使用，存放一些材料或工件，但是必须摆放整齐，保持整洁，定期清理

图 1-1-23 车床工具橱 6S 管理规范

5. 铣床 6S 管理规范

铣床摇柄、虎钳扳手、上刀扳手等及时取下，上述工具连同橡胶锤放于铣床左侧工具盒内，工具盒内禁止放入其他垃圾、杂物等。垫块及时取下放入垫块盒内，铣床虎钳、导轨上、导轨槽内、底座内无工具、量具、垫块、铁屑、垃圾等，机床踏板放于铣床前摆正，铣床 6S 管理规范如图 1-1-24 所示。

（1）铣床使用后必须进行日常维护，参照《铣床保养检查表》逐项执行；日常实训结束，实训指导教师（培训师）必须在现场监督学生对铣床进行 6S 管理，检查合格后方可放学。

（2）如需借用，请实训指导教师（培训师）联系区域负责人进行借用［必须实训指导教师（培训师）借用，不允许让学生代借］，长期使用应该办理交接手续，请参照《交接手续单》。

（3）依照“谁使用谁管理，谁管理谁监督”的原则，使用者有义务按照 6S 管理标准执行。

6. 铣床工具橱 6S 管理规范

（1）所有物品严格按照靠模或标示图片放置，钥匙由区域责任人负责管理，如需借用，请联系区域责任人进行借用［必须实训指导教师（培训师）借用，不允许让学生代借］，长期使用应该办理交接手续，请参照《交接手续单》。依照“谁使用谁管理，谁管理谁监督”的原则，使用者有义务按照 6S 管理标准执行。

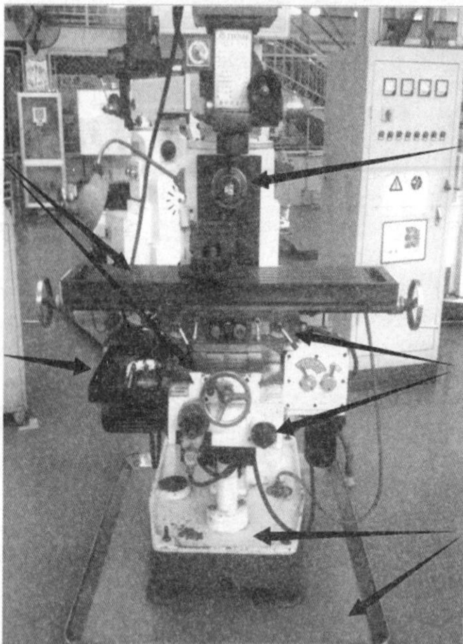

(a)

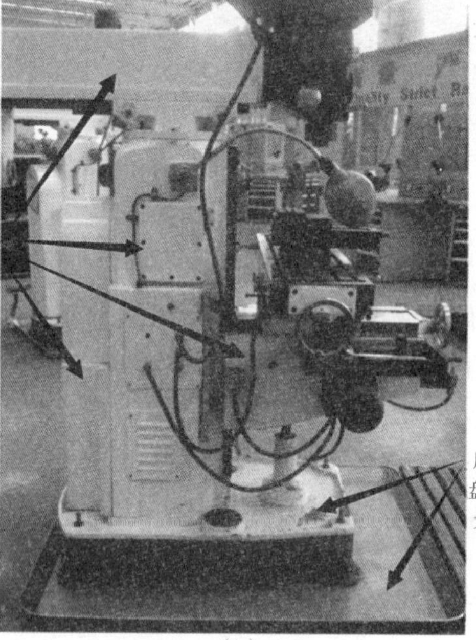

(b)

图 1－1－24　铣床 6S 管理规范

(2) 工具单由责任教师保管留底，工具如有非正常损坏和丢失按照制度进行更换或赔偿（请参照采购发票价格），正常损耗由仓管人员按报废处理。

(3) 下班保持台面干净无杂物、地面周围干净无油污，并对刀具、工具、量具等物品做好防锈工作。

(4) 第一层放置量具类，将深度游标卡尺、外径千分尺、外径百分表、百分表磁性表座和支架等放入第一层，第二层放置各种类型的铣刀等，第三层放置垫块盒、毛刷等附件。工具橱应及时关闭并上锁。

铣床工具橱6S管理规范如图1－1－25所示。

第一层

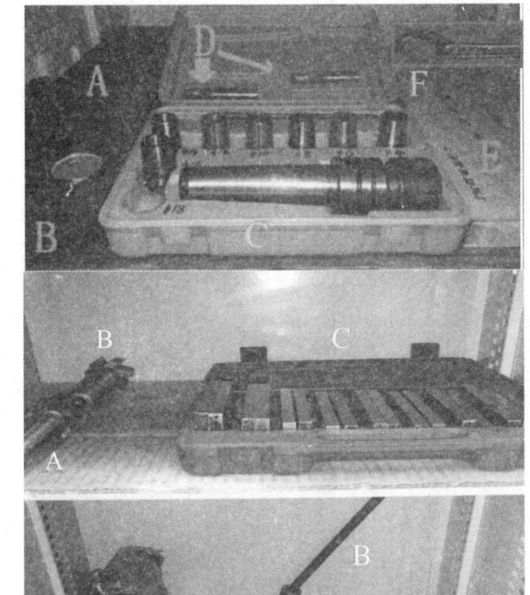

A—磁性表座；B—百分表；
C—刀柄（配有ϕ4 mm、ϕ6 mm、ϕ8 mm、ϕ10 mm、ϕ12 mm、ϕ14 mm、ϕ16 mm的弹性夹头）；
D—铣刀（常用）；
E—深度游标卡尺；
F—装/卸刀扳手

第二层

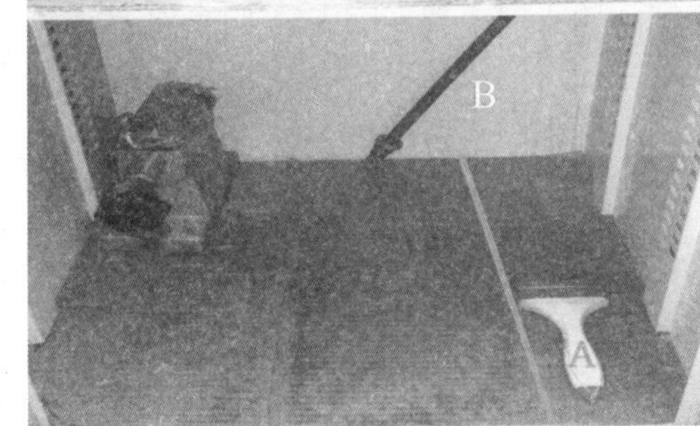

A—ϕ30 mm铣刀（焊接式硬质合金）；
B—ϕ30 mm铣刀（高速钢）；
C—平行垫铁（一套）

第三层

A—毛刷；
B—装刀拉杆

本层可以灵活使用，存放一些材料或工件，但是必须摆放整齐，保持整洁，定期清理

图1－1－25 铣床工具橱6S管理规范

7. 划线平台6S管理规范

划线平台上应只留方箱、高度游标卡尺，且两者应位于平台中部，平台上整齐干净，无铁屑、垃圾等。划线平台6S管理规范如图1－1－26所示。

图1－1－26 划线平台6S管理规范

8. 6S管理检查表

6S管理检查表如表1－1－4所示。

表 1-1-4　6S 管理检查表

实训区域6S管理检查表

受检查小组：

检查时间：

检查人员：

评分标准：

5分——完全符合标准
4分——有1个不符合标准的点
3分——有2个不符合标准的点
2分——有3个不符合标准的点
1分——有4个不符合标准的点
0分——有5个或5个以上不符合标准的点

评价标准	分数 0	1	2	3	4	5	发现	改进措施	责任人	整改日期	备注
第一步　整理											
1.钳工台台面、虎钳和工具橱没有无关物品。											
2.机床、机床橱没有无关物品。											
3.责任区地面没有无关物品。											
第二步　整顿											
1.经常使用的工具、量具、刀具和机床附件都放置在指定的地点。											
2.工具橱、机床橱都有清楚的标识。											
3.实训时，工具、量具、刀具摆放位置正确、整齐。											
第三步　清扫											
1.钳工台台面、虎钳和工具橱无垃圾。											
2.机床、机床橱无垃圾。											
3.责任区地面无垃圾。											
第四步　安全											
1.安全标识清晰可见。											
2.走廊通道无阻挡物，无滑倒、绊倒危险。											
3.危险品正确存储。											
4.实训时，个人防护措施到位，无违规操作。											
第五步　标准化											
1.各类标志齐全统一。											
2.工夹量刀具摆放规范统一。											
3.实训时，操作规范。											
第六步　素养											
1.教师、学生按要求着装。											
2.责任区域内整洁明亮。											
3.各岗位各司其职，实训有条不紊。											
检查总分：											

四、职业素养与习惯养成

在理实一体教学实践中，建议贯穿精益管理理念，包括 TPM、6S、PDCA 等管理模式，使学生能够从行为规范和习惯养成中提升质量意识、成本意识、精益求精与创新精神。

（一）TPM 管理

1. TPM 的含义

TPM（Total Productive Maintenance）意为“全员生产维护”，1971 年首先由日本人倡导提出。其最初定义是全体人员，包括企业领导、生产现场工人以及办公室人员参加的生产维修、保养体制。TPM 的目的是达到设备的最高效益，它以小组活动为基础，涉及设备全系统。

2. TPM 的目标

TPM 的主要目标是限制和降低以下六大损失：

（1）产量损失。

（2）闲置、空转与短暂停机损失。

（3）设置与调整停机损失。

（4）速度降低（速度损失）。

（5）残、次、废品损失，边角料损失（缺陷损失）。

（6）设备停机时间损失（停机时间损失）。

3. TPM 的管理思想

1）预防哲学

防止问题发生是 TPM 的基本方针，称为预防哲学。它是消除灾害、故障的理论基础。为防止问题的发生，应当消除问题的根源，并为防止问题的再发生进行逐一的检查。

2）“零”目标

TPM 以实现四个零为目标，即灾害为零、不良为零、故障为零、浪费为零。为了实现四个零，TPM 以预防保全手法为基础开展活动。

3）全员参与和重复小团队活动

做好预防工作是 TPM 活动成功的关键。如果操作者不关注，相关人员不关注，领导不关注，是不可能做到全方位预防的。

重复小团队是指从高层到中层再到一线的小团队的各阶层相互协作活动的组织。TPM 的推进组织为重复小团队，而重复小团队是执行力的有利保证。

4. TPM 重要指标

综合设备效率（Overall Equipment Effectiveness，OEE）是用来评估设备效率状况以及测定设备运转损失，研究其对策的一种有效方式，最早由日本能率协会顾问公司提出。它是全球公认的衡量 TPM 的重要指标。

（二）PDCA 管理循环

PDCA 管理循环是美国质量管理专家戴明博士首先提出的，所以又称戴明环。全面质量管理的思想基础和方法依据的就是 PDCA 管理循环。PDCA 管理循环的含义是将质量管理分为四个阶段，即计划（Plan）、执行（Do）、检查（Check）、处理（Action）。在质量管理活动中，要求把各项工作按照做出计划、计划实施、检查实施效果，然后将成功的纳入标准，不成功的留待下一循环去解决的工作方法，这是质量管理的基本方法，也是企业管理各项工作的一般规律。PDCA 管理循环如图 1－1－27 所示。

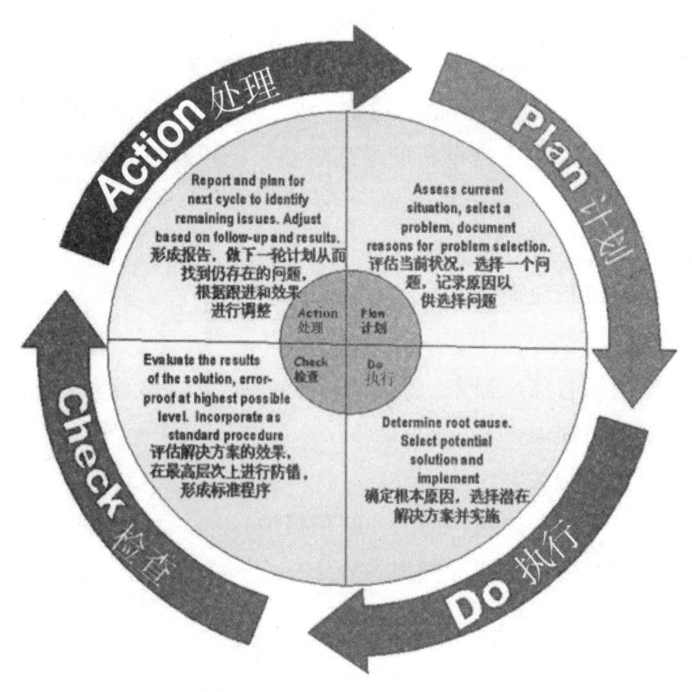

图 1－1－27　PDCA 管理循环

1. PDCA 管理循环过程

（1）分析现状，发现问题。

（2）分析质量问题中各种影响因素。

（3）找出影响质量问题的主要原因。

（4）针对主要原因，提出解决的措施并执行。

（5）检查执行结果是否达到了预定的目标。

（6）把成功的经验总结出来，制定相应的标准。把没有解决或新出现的问题转入下一个 PDCA 循环去解决。

2. PDCA 管理循环的特点

PDCA 管理循环是能使任何一项活动有效进行的一种合乎逻辑的工作程序，特别是在质量管理中得到了广泛的应用；PDCA 管理循环是开展所有质量活动的科学方法。例如，ISO（国际标准化组织）质量管理体系、QC（质量控制）七大工具等；改进与解决质量问题，赶超先进水平的各项工作，都要运用 PDCA 循环的科学程序。

3. PDCA 管理循环的八个步骤

（1）分析现状，找出问题：强调的是对现状的把握和发现问题的意识、能力，发掘问题是解决问题的第一步，是分析问题的条件。

（2）分析产生问题的原因：找准问题后分析产生问题的原因至关重要，运用头脑风暴法等多种集思广益的科学方法，把导致问题产生的所有原因统统找出来。

（3）要因确认：区分主因和次因是最有效解决问题的关键。

（4）拟定措施、制订计划（5W1H），即为什么制定该措施（Why）？达到什么目标（What）？在何处执行（Where）？由谁负责完成（Who）？什么时间完成（When）？如何完成（How）？措施和计划是执行力的基础，尽可能使其具有可操性。

（5）执行措施、执行计划：高效的执行力是组织完成目标的重要一环。

（6）检查验证、评估效果："下属只做你检查的工作，不做你希望的工作"IBM 的前 CEO（首席执行官）郭士纳的这句话将检查验证、评估效果的重要性一语道破。

（7）标准化，固定成绩：标准化是维持企业治理现状不下滑，积累、沉淀经验的最好方法，也是企业治理水平不断提升的基础。可以这样说，标准化是企业治理系统的动力，没有标准化，企业就不会进步，甚至下滑。

（8）处理遗留问题：所有问题不可能在一个 PDCA 管理循环中全部解决，遗留的问题会自动转进下一个 PDCA 管理循环，如此周而复始，螺旋上升。

PDCA 管理循环的八个步骤如图 1－1－28 所示。

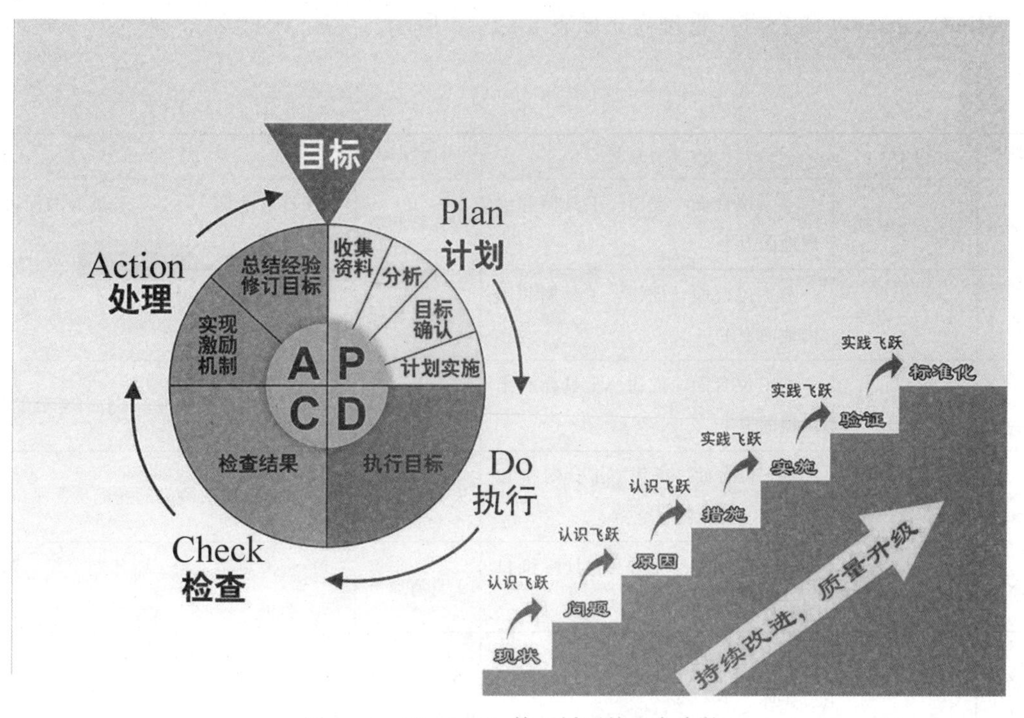

图 1－1－28 PDCA 管理循环的八个步骤

4. PDCA 管理循环的缺点

随着在更多项目管理中应用 PDCA，在运用的过程中也发现了很多问题，因为 PDCA 中不含有人的创造性内容。它只是让人如何完善现有工作，所以这将导致惯性思维的产生，习惯了 PDCA 的人很容易按流程工作，因为没有什么压力让他来实现创造性。所以，PDCA 在实际的项目中有一些局限。

5. PDCA 管理循环的发展前景

在质量管理中，PDCA 管理循环得到了广泛的应用，并取得了很好的效果，因此有人称 PDCA 管理循环是质量管理的基本方法。之所以将其称为 PDCA 管理循环，是因为这四个过程不是运行一次就完结了，而是要周而复始地进行。一个循环完了，解决了一部分的问题，可能还有其他问题尚未解决，或者又出现了新的问题，再进行下一次循环。PDCA 循环的四个阶段，“计划—执行—检查—处理”的 PDCA 循环的管理模式，体现着科学认识论的一种具体管理手段和一套科学的工作程序。PDCA 管理模式的应用对我们提高日常工作的效率具有很大的益处，它不仅在质量管理工作中可以运用，同样也适合于其他各项管理工作。

（三）MiniCompany 管理

MiniCompany（微公司）管理是基于德国 BOSCH 公司的 MiniCompany 管理理念，结合岗位模拟教学法、6S 管理法以及中德培训中心车间实际情况而推出的一种实训管理模式。这种管理的意义在于创设一种贴近实际、身临其境的教学环境，能较真实地模拟实际企业运行状态，从而使学生对自己未来的职业岗位有一个比较具体的、综合性的理解，有利于学生综合素质的全面提高，也规范了车间的实训管理。

MiniCompany（微公司）管理模式如表 1－1－5 所示。

表 1－1－5　MiniCompany（微公司）管理模式

姓名	工位	6S 责任区域	组内职务	职务范围
×××	11 台－1 号	本工位台面、虎钳、工具橱和组内地面卫生	损坏管制员	工具、量具、刀具、夹具等的损害分级和管理
×××	11 台－2 号	本工位台面、虎钳、工具橱和组内地面卫生	仓储管理员	管理毛坯、成型工件及工夹量刀具等的出入库
×××	11 台－3 号	本工位台面、虎钳、工具橱和组内地面卫生	组长	负责组内考勤管理、工作任务分配等
×××	11 台－4 号	本工位台面、虎钳、工具橱和 12 号铣床、铣床橱	失物管理员	负责组内遗失物品的登记及管理
×××	11 台－5 号	本工位台面、虎钳、工具橱和 11 号铣床、铣床橱	工具清点员	负责清点钳工台、机床橱、钳工橱内的工夹量刀具
×××	11 台－6 号	本工位台面、虎钳、工具橱和 12 号车床、车床橱	6S 管理员	负责 6S 管理监督
×××	12 台－1 号	本工位台面、虎钳、工具橱和 11 号车床、车床橱	质量控制员	负责工件的质量检测和控制
×××	12 台－2 号	本工位台面、虎钳、工具橱和 11、12 号钻床、钻床橱	安全员	负责组内安全监督

续表

姓名	工位	6S 责任区域	组内职务	职务范围
×××	12 台 –3 号	本工位台面、虎钳、工具橱和 11、12 号划线平台、钳工橱	技术员	负责组内技术问题
×××	12 台 –4 号	本工位台面、虎钳、工具橱和组内地面卫生		
×××	12 台 –5 号	本工位台面、虎钳、工具橱和组内地面卫生		
×××	12 台 –6 号	本工位台面、虎钳、工具橱和组内地面卫生		

根据教学任务安排将学生划分为若干组，以一组为基本管理单元。

组内每人都有自己的通用 6S 管理责任区，如每人所在的钳工台工位的台面、虎钳和工具橱，此外每人还有不同设备的 6S 管理职责，如有人负责车床、有人负责铣床、有人负责钻床，等等。

除 6S 管理职责外，组内还设立了组长、技术员、安全员、6S 管理员、仓储管理员、失物管理员、损坏管制员、质量控制员、工具清点员等。

组长：负责组内的整体管理事务，如考勤及请销假管理、加工任务分配，等等。

技术员：负责组内的技术问题，如组织全组进行技术交流、讨论制定加工工艺、担任组内技术顾问，等等。

安全员：负责组内的安全监督，如检查组内人员的工装及防护用品穿戴，及时制止存在安全隐患的行为，等等。

6S 管理员：负责组内的 6S 监督，如检查组内人员的卫生清洁情况，工具、量具摆放是否符合规范，等等。

仓储管理员：负责组内工夹量刀具和毛坯、成型件的出入库管理，如领取记录毛坯、成型件入库管理，等等。

失物管理员：负责组内遗失物品的登记和管理，如对组内发现无人认领的工具进行登记和保管。

损坏管制员：负责组内工夹量刀具的损坏分级和管理，如对组内损坏的车刀进行分级和记录。

质量控制员：负责组内的产品质量检测和控制，如对组内的成型件进行质量检测，同时监督技术员制定的工艺是否符合质量控制规范。

工具清点员：负责组内工夹量刀具的数量清点，如每次下课前核查组内工具是否齐全。

MiniCompany 考勤管理规范：组长负责日常组内的考勤及请销假管理，组员若请销假需先到组长处进行登记，组长完成考勤管理后需及时向责任教师报备。

MiniCompany 任务分配管理规范：组长负责日常组内加工任务的分配，制定机床、人员、任务分配计划表，并予以记录。

MiniCompany 技术管理规范：教师分配教学任务后，技术员负责召集全组人员进行技术交流，讨论制定加工工艺。积极配合组长、质量控制员进行质量监督和试加工，若发现质量不合格，及时寻找原因，修改工艺，并告知全体组员。及时解决组员的技术咨询问题并予以记录。技术问题无法解决时及时向责任教师请教，责任教师应及时收集技术员记录的技术咨询问题，并着重讲解此类问题。

MiniCompany 安全管理规范：安全员负责日常组员工装、防护用品穿戴的检查，负责组员安全操作检查，发现问题及时制止，并予以记录。

MiniCompany 6S 管理规范：6S 管理员负责日常组员工位卫生清洁情况和工具摆放情况等 6S 管理内容的检查，发现问题及时纠正，并予以记录。

MiniCompany 仓储管理规范：仓储管理员负责日常组内工夹量刀具和毛坯、成型件的出入库管理。仓储管理员按照编写完成的加工工艺卡，去库房领取相应的工夹量刀具和毛坯，须注意遵守中心仓储管理相关制度和仓储管理教师的指令。领取后要及时进行记录，及时配合失物管理员和损坏管制员去库房领取所需物品。加工任务结束后，负责收集组内的成型件，注意做好工件的防锈处理，配合质量控制员将合格产品和不合格产品分类存储。将之前领取的工夹量刀具和成型工件等交回库房，完成入库。加工任务结束后，如果有工夹量刀具损坏，配合损坏管制员按损坏等级进行分级、分类存储，并放入库房内指定的损坏管制箱内。加工任务结束后，如果有无人认领的遗失物品，配合失物管理员将遗失物放入库房内指定的失物管理箱内。

MiniCompany 失物管理规范：失物管理员负责组内遗失物品的登记和管理。组内有多出的遗留物品时，应及时将物品交由失物管理员。失物管理员应予以记录，并进行保管。实训结束后，配合仓储管理员将遗失物放入库房内指定的失物管理箱内。组内有组员遗失物品时，应及时向失物管理员报备。管理员应予以记录，并查看是否有多余遗留物，如果有多余的遗留物且与遗失物品的组员所需物品一致可交由该组员，但应予以记录。如果失物管理员处无多余遗留物，应及时向仓储管理员报备，并及时领取相应物品。

MiniCompany 损坏管制规范：损坏管制员负责日常组内工夹量刀具的损坏分级和管理。管制员应及时检查工夹量刀具等的损坏情况，如果有损坏，应视损坏情况进行分级管制，损坏严重无法修复和使用的为一级损管（红色），损坏较重但经过修复后可以使用的为二级损管（黄色），损坏较轻经过简单修复可以使用的或者损坏不影响继续使用的为三级损管（蓝色）。无论何种损坏都应予以记录，并分别放入相应颜色的损管盒内。组员发现有损坏现象也应及时向损坏管制员报备。如果损坏的物品影响继续加工使用，则损坏管制员应及时向仓储管理员报备，领取新的工夹量刀具。

MiniCompany 质量控制规范：质量控制员负责组内的产品质量检测和控制。教师分配教学任务后，技术员会召集全组人员进行技术交流，讨论制定加工工艺。质量控制员应积极配合组长、技术员进行质量监督和试加工，若发现质量不合格，及时寻找原因，修改工艺，并告知全体组员。组员在加工时应严格按照制定的工艺进行加工，并注意控制加工质量。加工任务结束后，应先完成自检，然后提交给质量控制员进行复检。

MiniCompany 工具清点规范：工具清点员负责日常组内工夹量刀具的数量清点。每次下课前，组员应先完成自己所在钳工台和负责的机床、机床橱内的工夹量刀具的清点，然后由工具清点员完成复检。对发现多出或缺失的工夹量刀具应及时报备失物管理员，按失物管理规范进行处理。

知识二　测量方法与量具使用

一、几何量检测

零件加工完成后，必须对零件的几何量进行测量和检验，以判断几何量是否合格，是否符合公差或标准的要求。

检测是检验和测量的统称。测量的结果能够获得具体的数值，使用检测仪表中的百分表对零件的几何量检测可以获得数值。检验的结果则只能判断合格与否，不能获得具体数值。图 1－2－1 所示为检测装置的分类与产品。

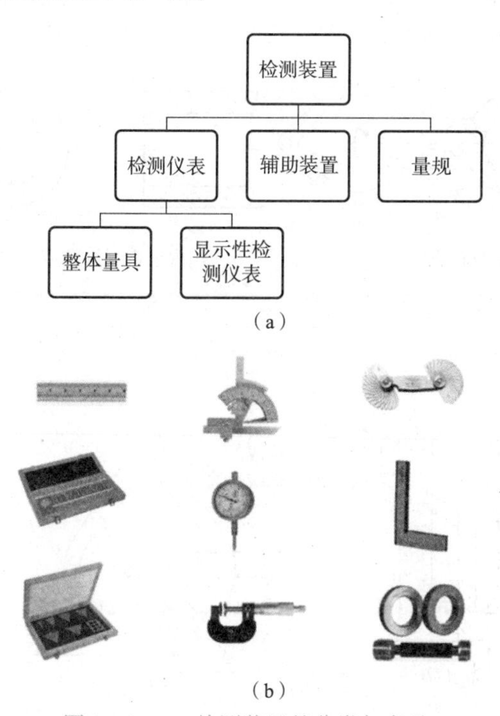

图 1－2－1　检测装置的分类与产品

检测的目的不仅在于判断工件的合格与否，还有积极的一面，就是根据检测的结果，分析产生废品的原因，以便于设法减少和防止废品产生。

（一）常见几何尺寸的检测

常见几何尺寸的检测如表 1－2－1 所示。

表1-2-1　常见几何尺寸的检测

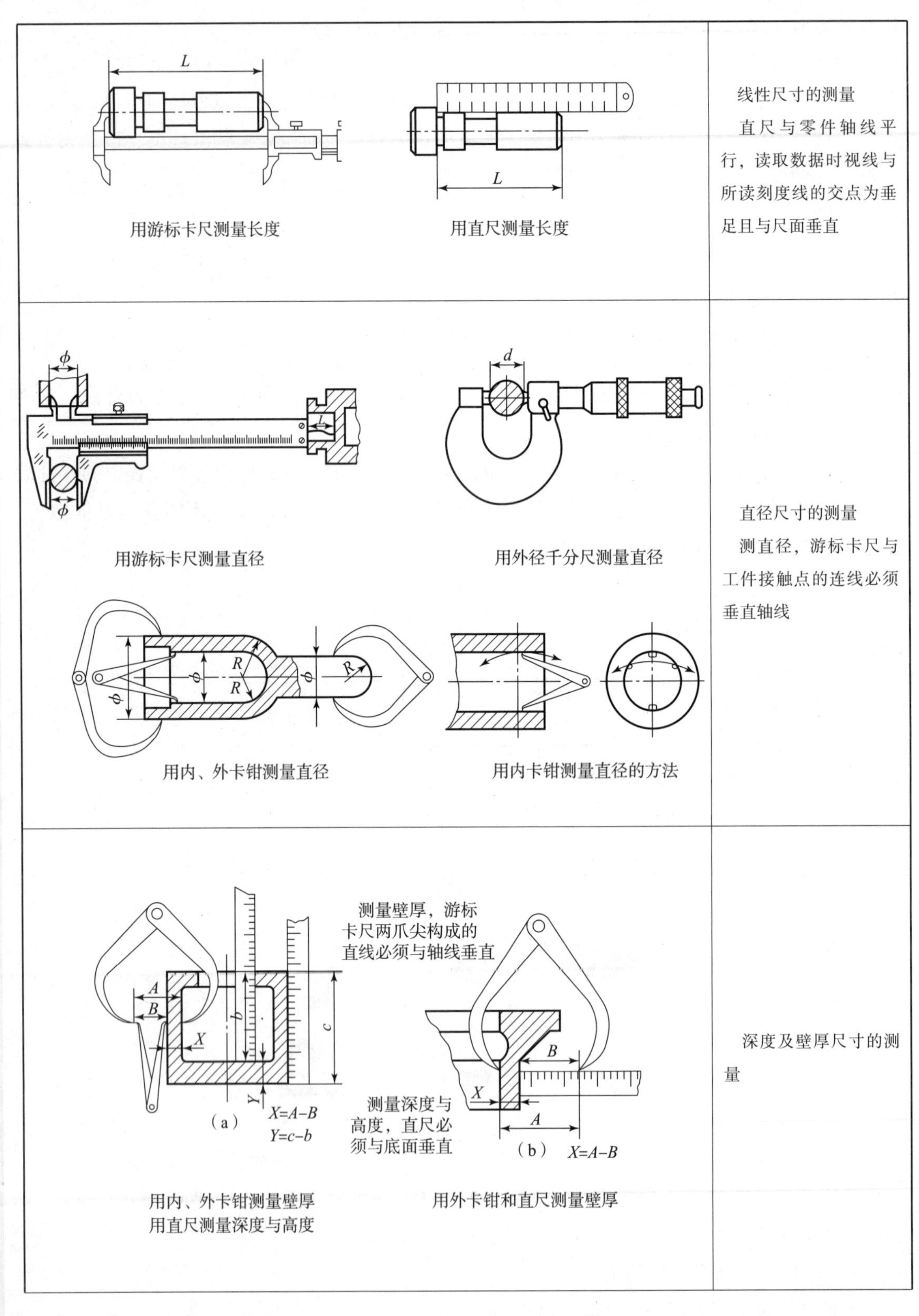

检测图示	说明
用游标卡尺测量长度；用直尺测量长度	线性尺寸的测量 直尺与零件轴线平行，读取数据时视线与所读刻度线的交点为垂足且与尺面垂直
用游标卡尺测量直径；用外径千分尺测量直径；用内、外卡钳测量直径；用内卡钳测量直径的方法	直径尺寸的测量 测直径，游标卡尺与工件接触点的连线必须垂直轴线
用内、外卡钳测量壁厚 用直尺测量深度与高度；用外卡钳和直尺测量壁厚	深度及壁厚尺寸的测量

续表

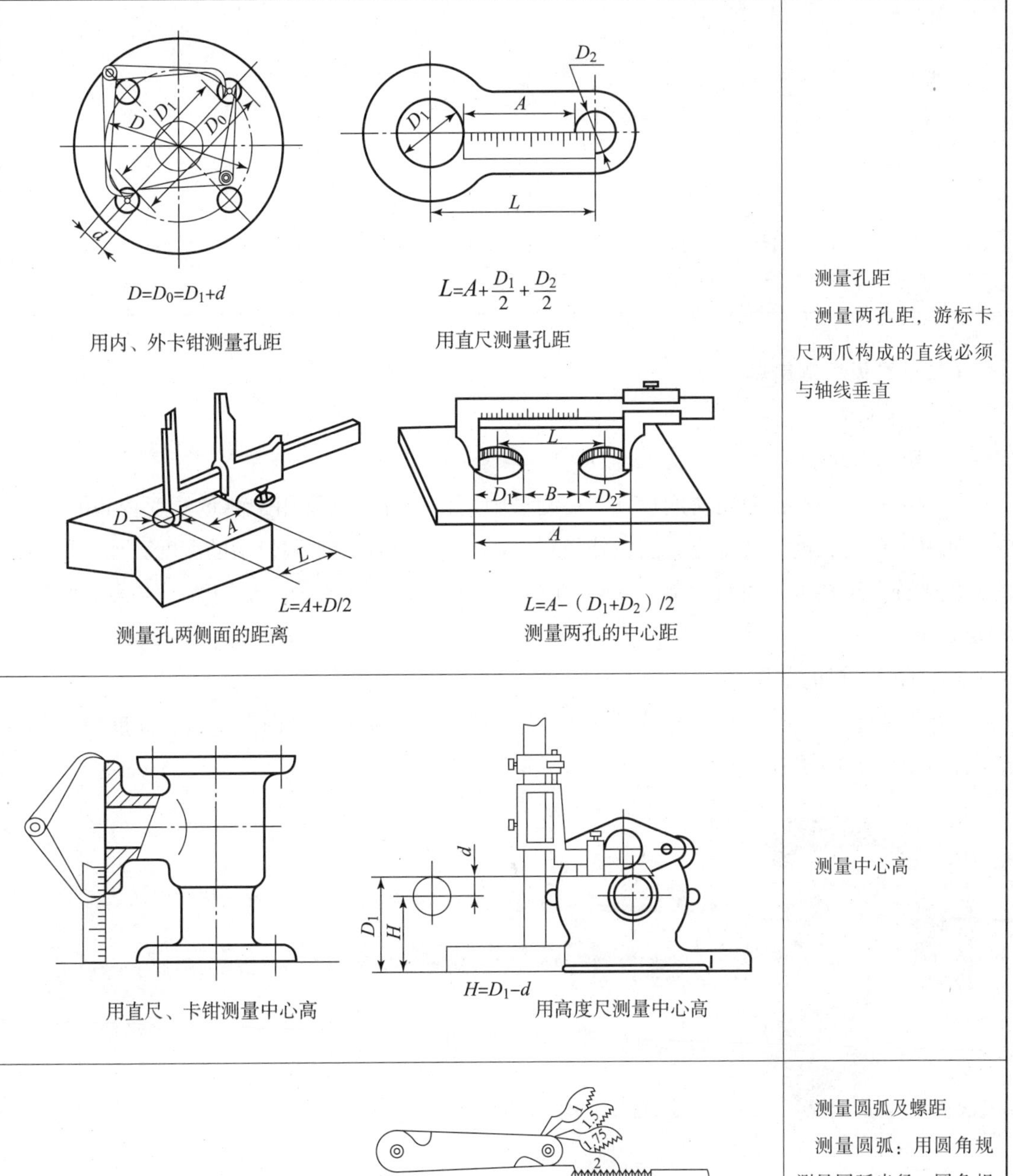 $D=D_0=D_1+d$ 用内、外卡钳测量孔距 $L=A+\frac{D_1}{2}+\frac{D_2}{2}$ 用直尺测量孔距 $L=A+D/2$ 测量孔两侧面的距离 $L=A-（D_1+D_2）/2$ 测量两孔的中心距	测量孔距 测量两孔距，游标卡尺两爪构成的直线必须与轴线垂直
用直尺、卡钳测量中心高 $H=D_1-d$ 用高度尺测量中心高	测量中心高
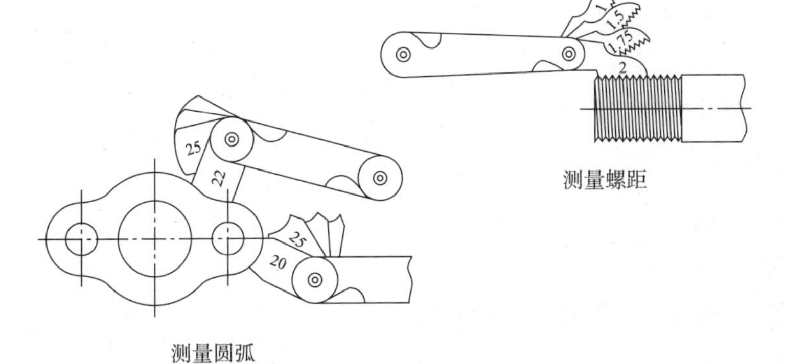 测量螺距 测量圆弧	测量圆弧及螺距 测量圆弧：用圆角规测量圆弧半径，圆角规的平面与零件轴线互相垂直。 测量螺距：用螺距规测螺距，螺纹的牙必须与螺距规的牙吻合无间隙

续表

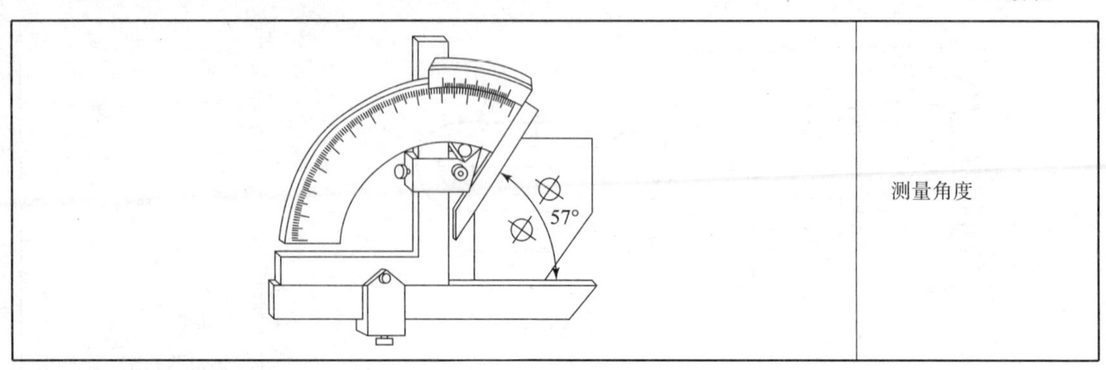	测量角度

（二）常见检测量具

1. 游标卡尺

1）游标卡尺的用途

游标卡尺是一种比较精密的量具，在测量中用得最多。通常用来测量精度较高的工件，它可测量工件的长度、宽度、高度、外径和内径，有的还可用来测量槽的深度。如果按游标的精度来分，游标卡尺可分为 0. 1 mm、0. 05 mm、0. 02 mm 三种，常用游标卡尺的精度为 0. 02 mm。

2）游标卡尺的结构

游标卡尺由主尺、副尺（也称游标）、紧固螺钉、外测量爪、内测量爪和深度尺等部分组成，如图 1 –2 –2 所示。

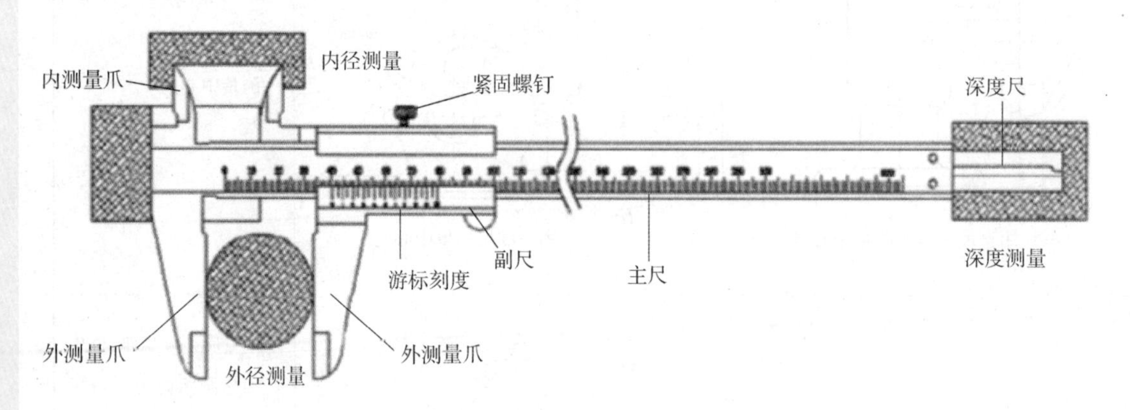

图 1 –2 –2　游标卡尺结构

3）游标卡尺各部分的作用

（1）主尺、副尺：用来读数。

（2）紧固螺钉：固定或松开副尺。

（3）外测量爪：测量工件的外径、长度、宽度和高度。

（4）深度尺：测量深度尺寸。

（5）内测量爪：测量工件的内径。

4）游标卡尺的原理及使用

游标卡尺的刻线原理和读数方法如表 1－2－2 所示。

表 1－2－2 游标卡尺的刻线原理和读数方法

精度		0.05 mm	0.02 mm
刻线原理	操作图示	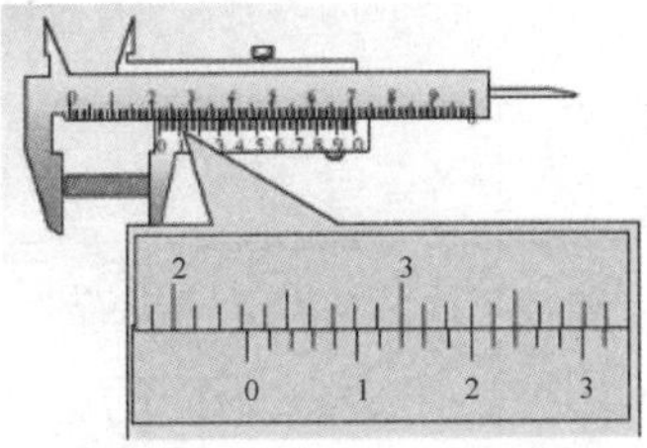 2 3 0 1 2 3	
	原理	尺身每格为 1 mm，游标刻度线共 20 格，这 20 格的长度为 19 mm，即游标每格为 19/20 = 0.95（mm）。尺身与游标每格相差为 1－0.95 = 0.05（mm）	尺身每格为 1 mm，游标刻度线共 50 格，这 50 格的长度为 49 mm，即游标每格为 49/50 = 0.98（mm）。尺身与游标每格相差为 1－0.98 = 0.02（mm）
读数方法	图示	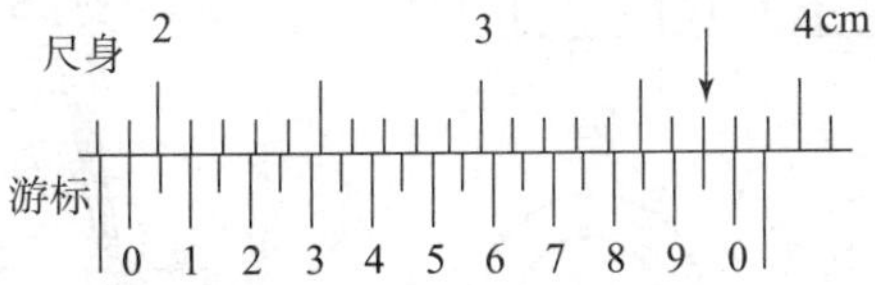 尺身 2 3 4cm 游标 0 1 2 3 4 5 6 7 8 9 0 18 + 19 × 0.05 = 18.95（mm）	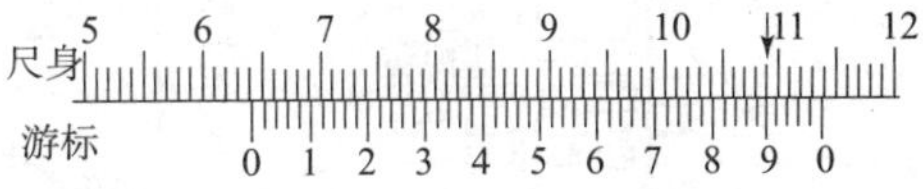 尺身 5 6 7 8 9 10 11 12 游标 0 1 2 3 4 5 6 7 8 9 0 64 + 9 × 0.02 = 64.18（mm）
	读数	（1）先读出游标 0 刻线左侧尺身刻线的整毫米数； （2）再读出游标上从 0 线开始第 n 条线对齐，n 乘以其测量精度即为读数的小数部分； （3）把整数和小数相加，即为所测的实际尺寸	

游标卡尺的使用方法如表 1－2－3 所示。

表 1－2－3 游标卡尺的使用方法

项目	游标卡尺外测量爪的使用	游标卡尺内测量爪的使用	游标卡尺深度尺的使用
图示	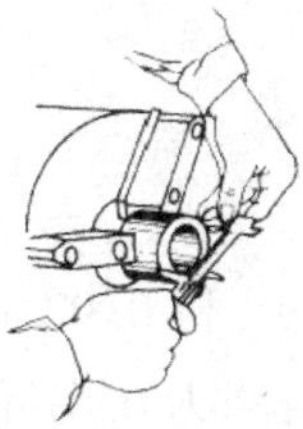		

续表

项目	游标卡尺外测量爪的使用	游标卡尺内测量爪的使用	游标卡尺深度尺的使用
测量方法	测量时，左手拿工件，右手握尺，外测量爪张开尺寸略大于被测工件，然后用右手拇指慢慢推动游标，使两量爪轻轻地与被测工件表面接触，读出尺寸数值	测量时，将游标卡尺的内测量爪逐渐靠向工件的被测表面，同时使内测量爪的测量面与工件的被测表面充分贴合	测量时，深度尺与被测量表面充分贴合，尺身端部紧靠在工件基准面上，拉动游标测出尺寸
正确方法		b	
错误方法		错误 a D a D a D (a) a D (b)	
判断	使用游标卡尺外测量爪测量时，应避免定住尺寸卡入工件测量，以免损坏量爪	使用游标卡尺内测量爪测量时，应保持尺身与工件测量表面垂直，防止量爪歪斜	使用游标卡尺深度尺测量时，尺身应垂直于被测部位，不能前后、左右倾斜，并且测量杆要与孔壁贴合

5）英文表达

卡尺：caliper（美式英语）、calliper（英式英语）。

数显卡尺：digitalcaliper。

游标卡尺：verniercaliper。

6）游标卡尺精度

常用游标卡尺按其精度可分为三种，即 0.1 mm、0.05 mm 和 0.02 mm。精度为 0.1 mm和 0.05 mm 的游标卡尺，它们的工作原理和使用方法与精度为 0.02 mm 的游标卡尺相同。精度为 0.02 mm 的游标卡尺的游标上有 50 个等分刻度，总长为49 mm。测量时如游标上第 11 条刻度线与主尺对齐，则小数部分的读数为 11/50 = 0.22（mm），如第 12 条刻度线与主尺对齐，则小数部分读数为 12/50 = 0.24（mm）。精度为 0.02 mm 的机械式游标卡尺由于受到本身结构精度和人的眼睛对两条刻线对准程度分辨力的限制，其精度不能再提高。

7）测量方法

测量外径时，右手拿住尺身，大拇指移动游标，左手拿待测外径的物体，使待测物位于外测量爪之间，当与量爪轻轻接触时即可读数，读数时眼睛要与卡尺刻度垂直观察。测量时不允许用力过大，用力只能改变测量结果不能改变工件尺寸，测量方法不可取。测量内径与测量外径的方法相似。

8）读数方法

读数时首先以游标零刻度线为准，在尺身上读取毫米整数，即以毫米为单位的整数部分。然后看游标上第几条刻度线与尺身的刻度线对齐，如游标刻度线与尺身刻度线对齐，则小数部分即为游标读数（若没有正好对齐的线，则取最接近对齐的线进行读数）。判断游标上哪条刻度线与尺身刻度线对准，可用下述方法：选定相邻的三条线，如左侧的线在尺身对应线左侧，右侧的线在尺身对应线右侧，中间那条线便可以认为是对准了。

用游标卡尺测量工件时，读数分为 3 个步骤，如图 1－2－3 所示以精度为 0.02 mm 的游标卡尺的某一状态为例进行说明。

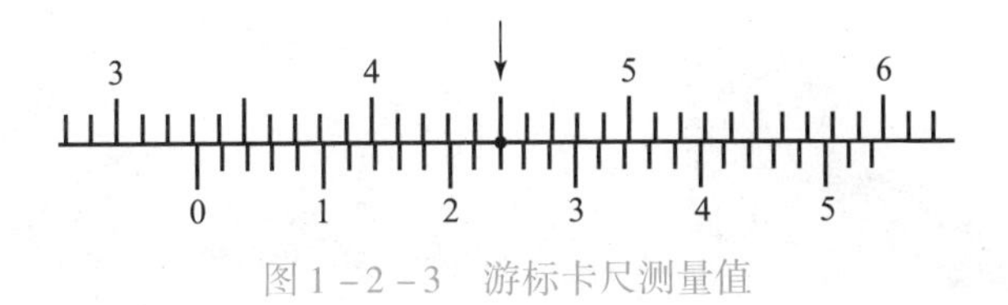

图 1－2－3　游标卡尺测量值

（1）在主尺上读出副尺零线以左的刻度，该值就是最后读数的整数部分，图示为 33 mm。

（2）副尺上一定有一条刻线与主尺的刻线对齐，在副尺上读出该刻线距副尺零线的格数，将其与刻度间距 0.02 mm 相乘，就得到最后读数的小数部分，图示读数为 0.24 mm。

（3）将所得到的整数和小数部分相加，就得到总尺寸为 33 + 0.24 = 33.24（mm）。

9）游标卡尺的保养及保管

（1）轻拿轻放。

（2）不要把游标卡尺当作卡钳、扳手或其他工具使用。

（3）游标卡尺使用完毕后必须擦净涂油，两个外量爪间保持一定的距离，拧紧紧固螺钉，放回到游标卡尺盒内。

（4）不得放在潮湿、湿度变化大的地方。

10）轴套检测案例

轴套实际尺寸的检测步骤如表 1－2－4 所示。

表 1-2-4　轴套实际尺寸的检测步骤

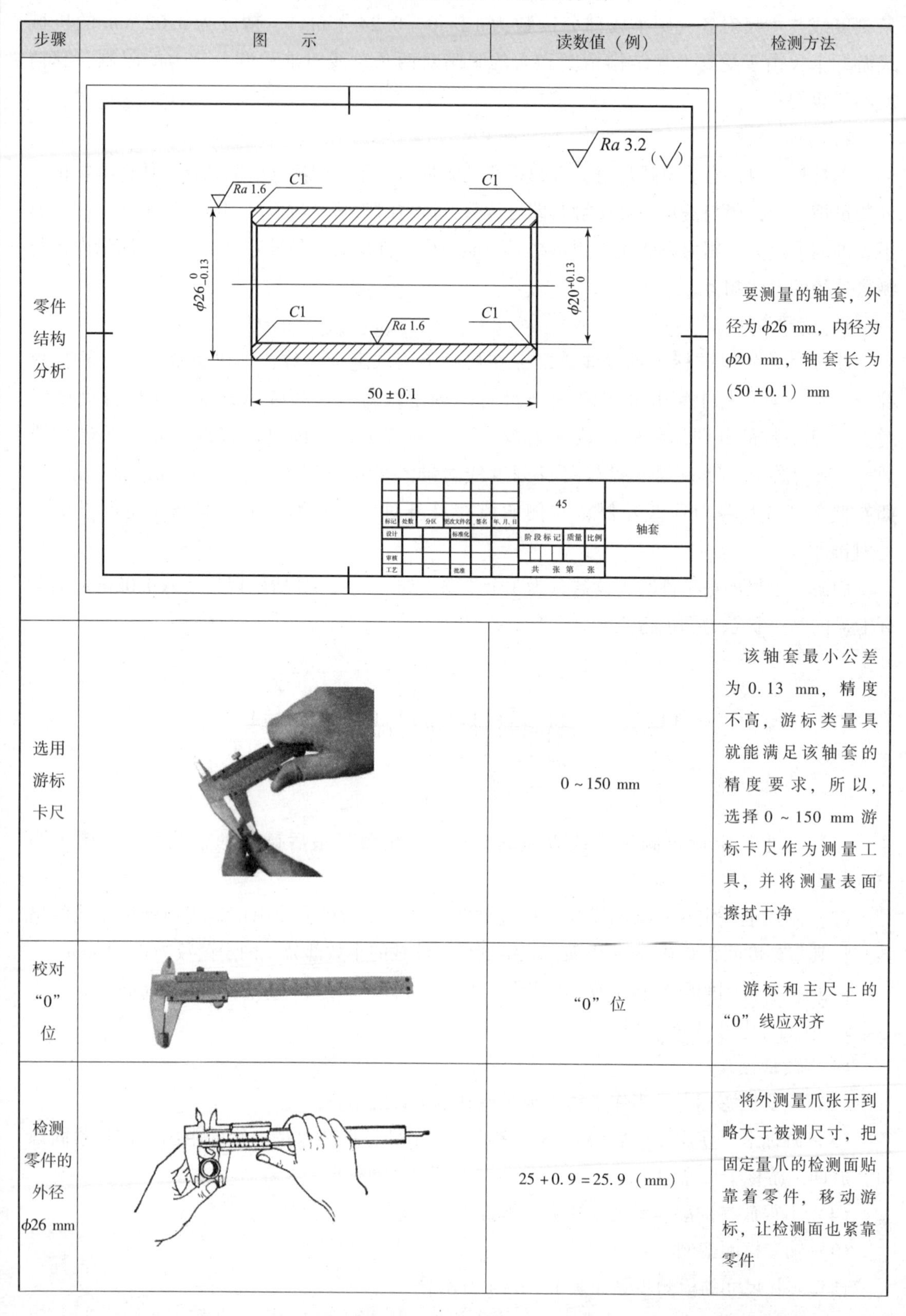

步骤	图　示	读数值（例）	检测方法
零件结构分析			要测量的轴套，外径为 $\phi26$ mm，内径为 $\phi20$ mm，轴套长为（50±0.1）mm
选用游标卡尺		0～150 mm	该轴套最小公差为 0.13 mm，精度不高，游标类量具就能满足该轴套的精度要求，所以，选择 0～150 mm 游标卡尺作为测量工具，并将测量表面擦拭干净
校对“0”位		“0”位	游标和主尺上的“0”线应对齐
检测零件的外径 $\phi26$ mm		25+0.9=25.9（mm）	将外测量爪张开到略大于被测尺寸，把固定量爪的检测面贴靠着零件，移动游标，让检测面也紧靠零件

续表

步骤	图　示	读数值（例）	检测方法
检测零件的长度		50 + 0. 1 = 50. 1 （mm）	方法同测量外径的方法
检测零件的内径 φ20 mm		20 + 0. 1 = 20. 1 （mm）	将内测量爪张开到略小于被测尺寸，把固定量爪的检测面贴靠孔的内表面，移动游标，让检测面也紧靠孔的内表面

2. 千分尺

1）千分尺的用途

千分尺是生产中最常用的精密量具之一，可对工件进行尺寸的测量，它的测量精度为0. 01 mm。千分尺的种类很多，按用途可分为外径千分尺、内径千分尺、深度千分尺、内测千分尺、螺纹千分尺和壁厚千分尺，由于测微螺杆的长度受到制造上的限制，其移动量通常为25 mm，如图1－2－4所示。

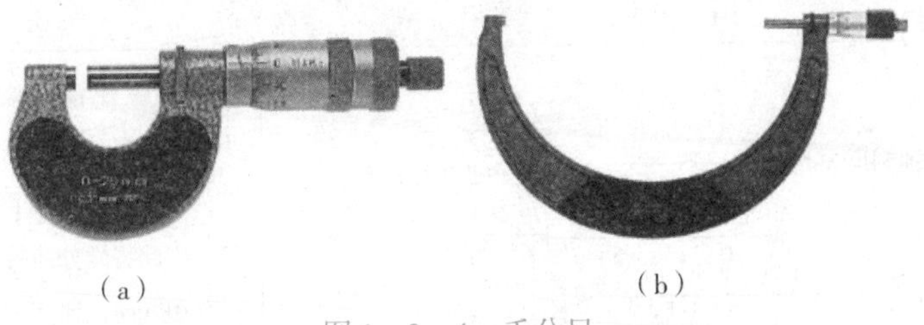

（a）　　（b）

图1－2－4　千分尺

千分尺按照规格的测量范围划分，在500 mm以内，每25 mm为一挡，如0～25 mm、25～50 mm等。在500～1 000 mm，每100 mm为一挡，如500～600 mm、600～700 mm等。

千分尺按照读数方法划分：有游标千分尺、带表千分尺、数显千分尺等，其精度也不一，如图1－2－5所示。

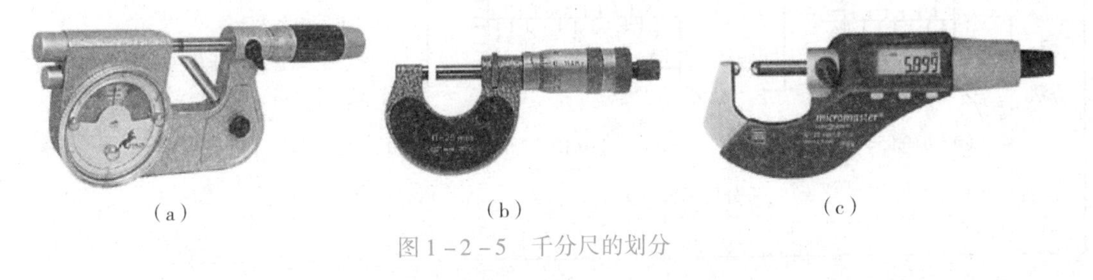

（a）　　（b）　　（c）

图1－2－5　千分尺的划分

2）千分尺的结构

如图 1－2－6 所示，外径千分尺由尺架、测砧、测微螺杆、微调装置、锁紧装置、固定套筒、微分筒等组成。

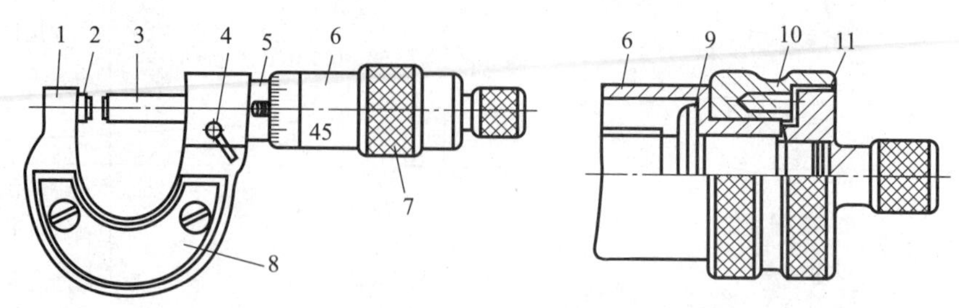

图 1－2－6　千分尺的结构

1—尺架；2—测砧；3—测微螺杆；4—锁紧装置；5—固定套筒；6—微分筒；7—测力装置；8—隔热装置；9—圆垫片；10—柱销；11—棘轮

3）千分尺的使用

转动棘轮盘，测微螺杆就会移动，当测微螺杆的端面接触工件时，棘轮在棘爪销的斜面上打滑，测微螺杆就会停止移动，由于弹簧的作用，棘轮滑动时发出“吱吱”声。如果反向旋转，测微螺杆向右移动，松开工件。

4）千分尺的刻线原理及读数

千分尺的刻线原理、读数方法和使用方法如表 1－2－5 所示。

表 1－2－5　千分尺的刻线原理、读数方法和使用方法

项目	图　示	说　明
刻线原理	主轴刻度基准线；固定套筒主尺毫米数（每格 1 mm）；微分筒上读数（每格0.01 mm）；固定套筒主尺半毫米数（每格 0.5 mm）；0　5；45　40　35　30	测微螺杆右端螺纹的螺距为0.5 mm。当微分筒转一周时螺杆就移动一个螺距，即为0.5 mm。微分筒圆锥面上的刻线为50格，因此将微分筒转动一格测微螺杆就移动0.01 mm，即 0.5/50＝0.01（mm）。固定套筒上有两组刻线，同一组中两条线之间的距离为1 mm，每两条线之间的距离为 0.5 mm
读数方法	0　5　10　5　0 （a）6+0.05=6.05（mm） 25　30　35　15　10 （b）35.5+0.12=35.62（mm） 千分尺读数方法	（1）读出微分筒的边缘在固定套筒主尺上的毫米数； （2）看微分筒上哪一条线与基准线对齐，并读出不足半毫米的数； （3）把两个读数加起来为测得的实际尺寸

续表

项目	图 示	说 明
使用方法		（1）检测前，用干净纸擦净工件被测表面和千分尺的测砧端面及测微螺杆端面，在使用前应校准尺寸。 （2）检测时，使测微螺杆端面逐渐接近工件被测表面。当测量面接近工件时，改转棘轮，直到棘轮发出声为止。 （3）退出工件时，应反转微分筒，使测微螺杆端面离开工件被测表面后将千分尺退出
注意事项	正确 错误	（1）测量时千分尺要放正，并要注意温度的影响； （2）读数时要防止在固定套筒上多读或少读0.5 mm； （3）不能用千分尺测量毛坯或转动的工件

3. 万能角度尺

万能角度尺又被称为角度规、游标角度尺或万能量角器，它是利用游标读数原理来直接测量工件角度或进行划线的一种角度量具。万能角度尺适用于机械加工中的内、外角度测量，可测0°～320°外角及40°～130°内角，如图1－2－7所示。

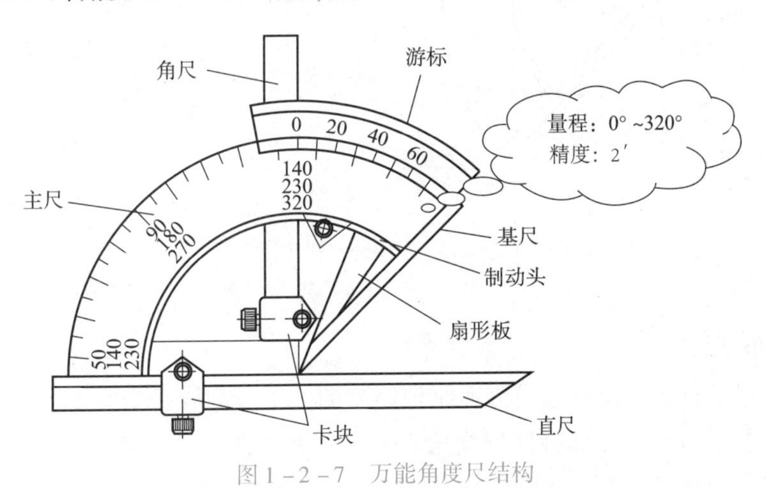

图1－2－7 万能角度尺结构

1）万能角度尺的结构

万能角度尺由刻有基本角度刻线的主尺和固定在扇形板上的游标组成。扇形板可在尺座上回转移动（有制动头），形成了和游标卡尺相似的游标读数机构。万能角度尺的精度为2′，如图 1－2－8 所示。

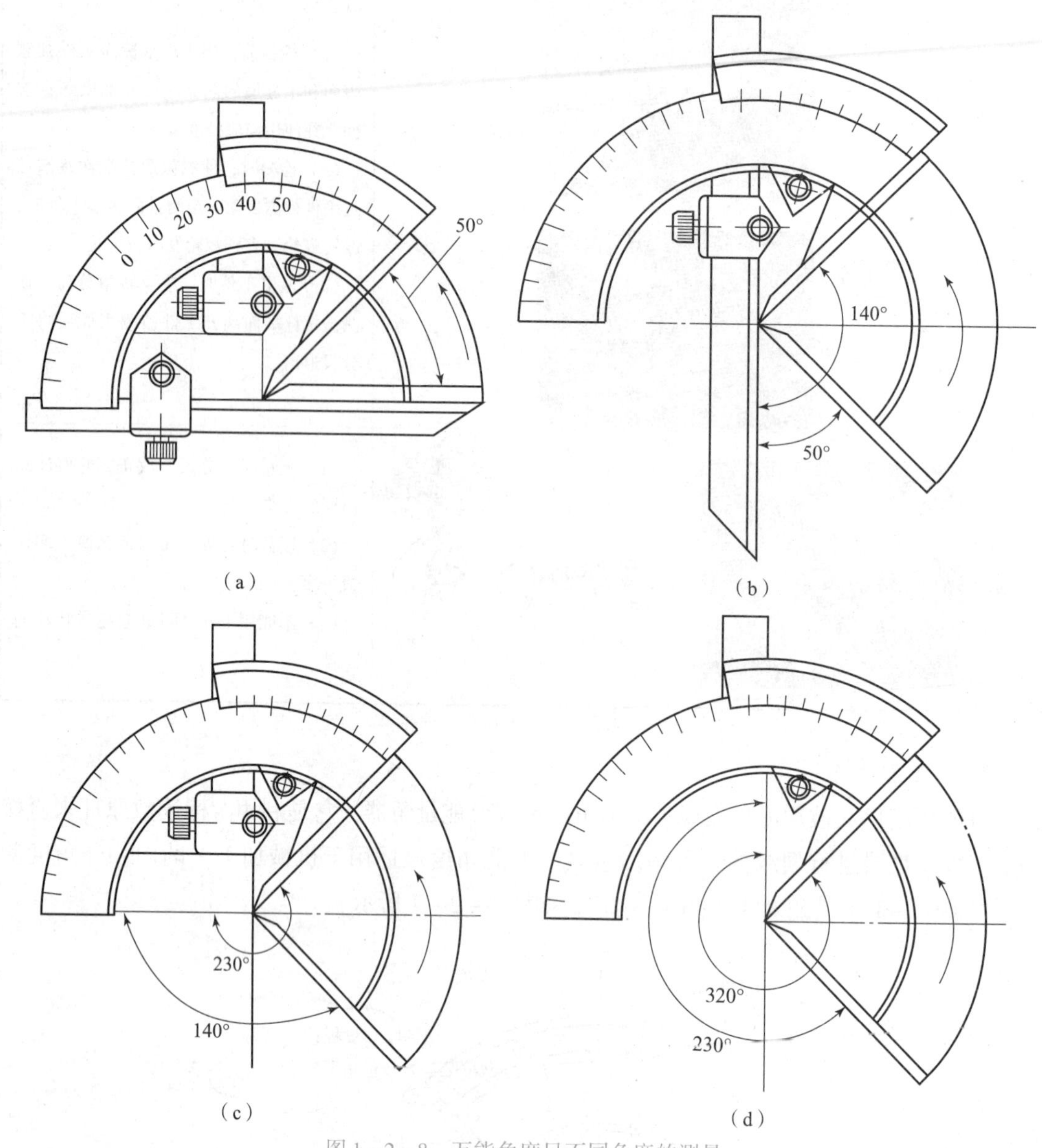

图 1－2－8　万能角度尺不同角度的测量

（a）0°～50°；（b）50°～140°；（c）140°～230°；（d）230°～320°

2）万能角度尺的刻线原理及读数方法

万能角度尺的读数机构是根据游标原理制成的。主尺刻线每格为 1°，游标的刻线是取主尺的 29°等分为 30 格，因此游标刻线角格为 29°/30，即主尺与游标一格的差值，也就是说万能角度尺读数精度为 2′，其读数方法与游标卡尺相似，先从主尺上读出游标零线前的整度数，再从游标上读出角度“′”的数值，两者相加就是被测的角度数值。

3）万能角度尺测量的读数案例

如图 1－2－9 所示，读出游标上零线所对应的扇形板上所测角度的整数“度”数。

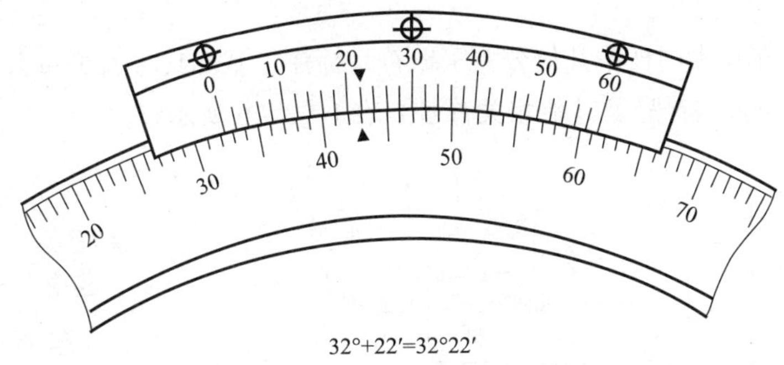

图 1－2－9　万能角度尺的读数法

在游标上找出与扇形板上刻线对齐的那一条刻线，读出所测角度“分”数。

将整数“度”数与“分”数相加，所得之和为测量角度值，即 32° ＋ 22′＝32°22′。

4）万能角度尺的测量范围

由于直尺和角尺可以移动与拆换，因此，万能角度尺可以测量 0°～320°的任何角度，万能角度尺是常用的测角量具，它广泛应用于钳工训练中，因此，要求每位同学熟练掌握万能角度尺的应用，并会测量各种角度。

测量时应先校准零位，万能角度尺的零位是当角尺和直尺均装上，当角尺的底边及基尺与直尺无间隙接触，此时主尺与游标的“0”线对准。调整好零位后，通过改变基尺、角尺、直尺的相互位置可测试 0°～320°范围内的任意角。

应用万能角度尺测量工件时，要根据所测角度适当组合，如图 1－2－8 所示。

5）测量案例

测量案例如图 1－2－10 所示。

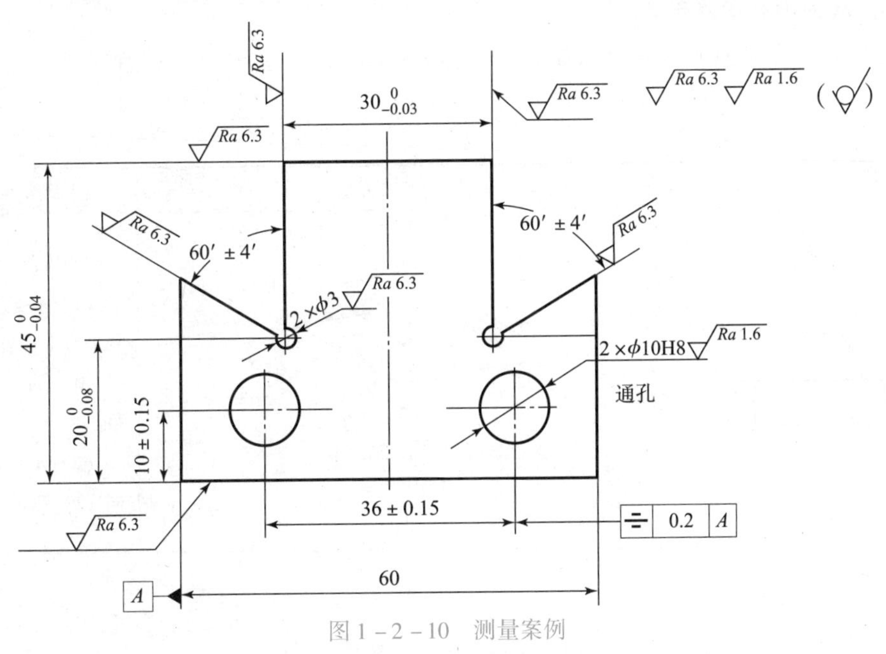

图 1－2－10　测量案例

二、零件几何误差检测

标准规定，在技术图样中几何公差采取符号标注。基准代号及形位公差符号如图 1-2-11 所示。形位公差符号及其他相关符号如表 1-2-6 所示。

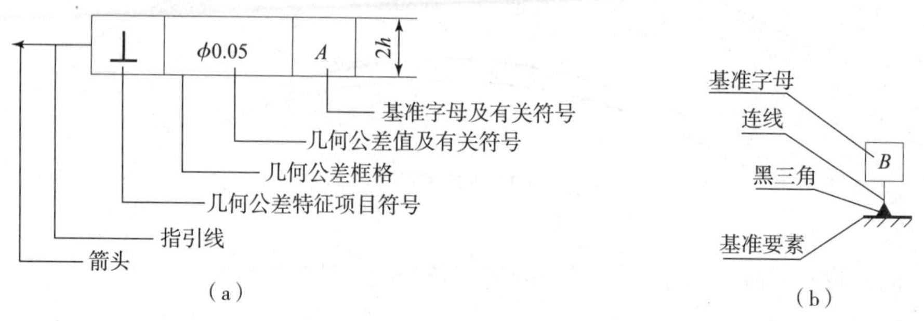

图 1-2-11　基准代号及形位公差符号

(a) 框格内容；(b) 基准代号

表 1-2-6　形位公差符号及其他相关符号

分类	项　目	符号
形状公差	直线度	—
	平面度	▱
	圆　度	○
	圆柱度	⌭
	线轮廓度	⌒
	面轮廓度	⌓

分类		项　目	符号
位置公差	定向	平行度	//
		垂直度	⊥
		倾斜度	∠
	定位	同轴度	◎
		对称度	⌯
		位置度	⊕
	跳动	圆跳动	↗
		全跳动	⌰

	名　称	符号
其他符号	基准符号及代号	—[A]
	基准目标	(φ10/A)
	最大实体状态	Ⓜ
	包容原则	Ⓔ
	延伸公差带	Ⓟ
	理论正确尺寸	[50]
	不准凹下	(+)
	不准凸起	(-)
	只许按小端方向减小	(◁)

(一) 几何形状误差检测

几何形状误差检测案例与方法如表 1-2-7 所示。

表 1-2-7　几何形状误差检测案例与方法

实例	测量方法	测量说明
▱ 0.3	平台　A　塞尺　0.3　平台	凸的场合： (1) 将测量部件放到平台上，边缘插入塞尺，0.3 mm 以下为合格。 (2) A 部的边缘也同 (1) 测量方法

续表

实例	测量方法	测量说明
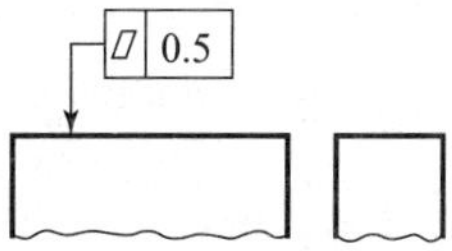 0.5	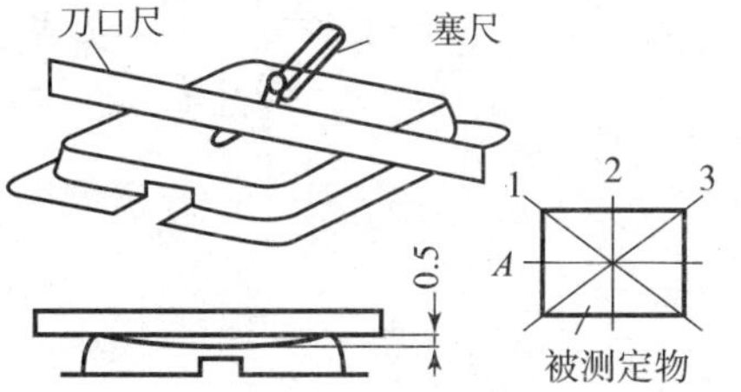 刀口尺 塞尺 0.5 1 2 3 A 被测定物	凹的场合： (1) 将测量部件放平台上，边缘插入塞尺，0.5 mm 以下为合格。 (2) A 部的边缘也同(1) 测量方法 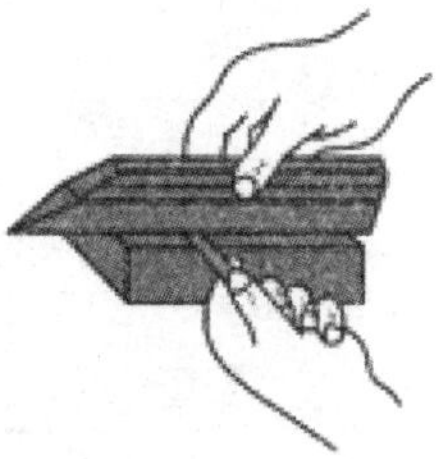
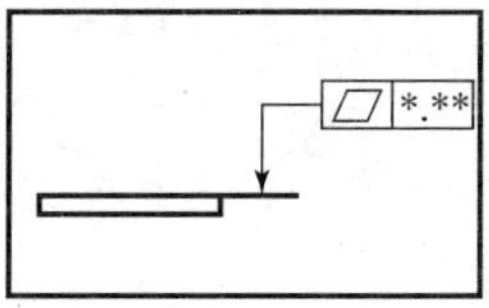 *.**	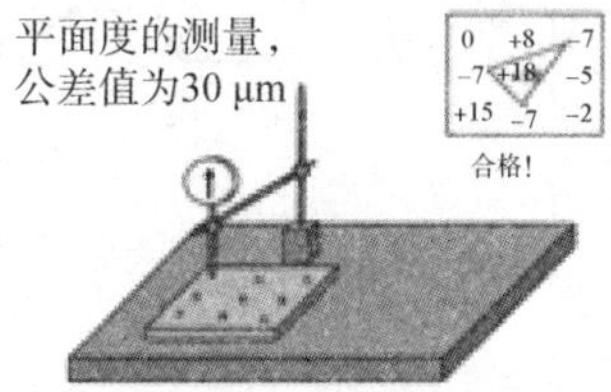 平面度的测量，公差值为30 μm 0 +8 -7 -7 +18 -5 +15 -7 -2 合格!	用百分表测定平面度的方法： 将杠杆百分表置于测定面，在起始点调零，确认到终点。测定值 = 最大值 - 最小值
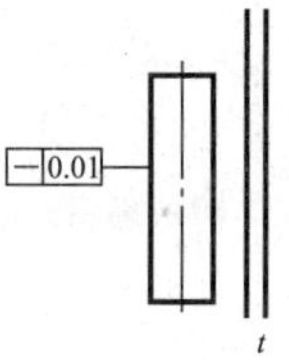 0.01 t	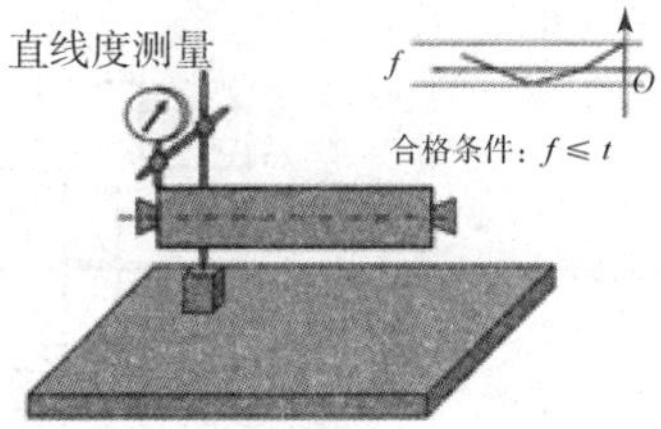 直线度测量 f O 合格条件：$f \leq t$	用百分表测给定平面内的直线度方法： 将杠杆百分表置于直线度给定面，在起始点调零，确认到终点。测定值 = 最大值 - 最小值
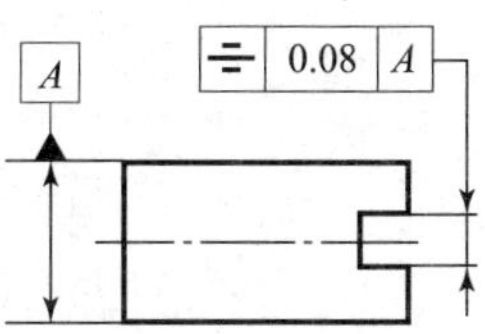 A 0.08 A	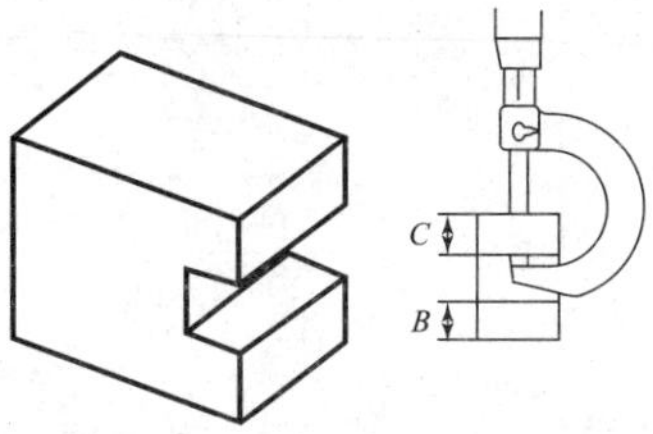 C B	千分尺的测定方法： 千分尺的读取值 C 与 B 之差在 0.08 mm 内
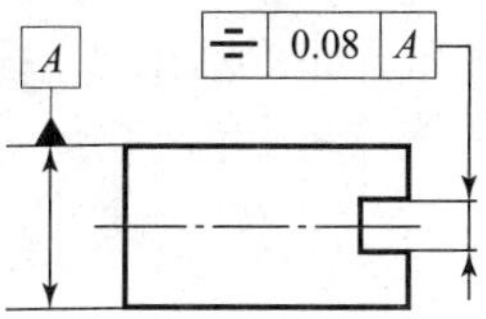 A 0.08 A	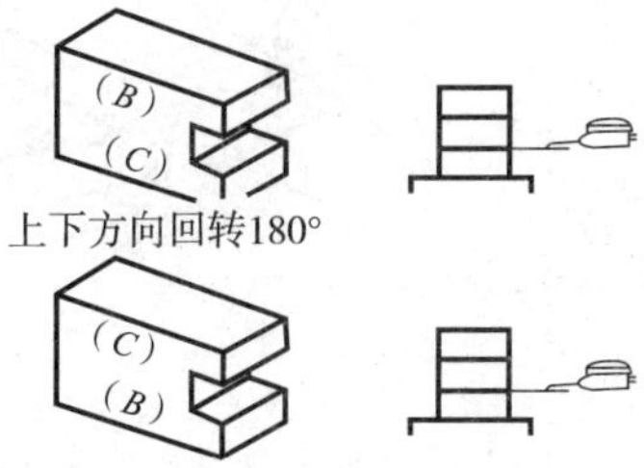 (B) (C) 上下方向回转180° (C) (B)	高度尺的测定方法： 表盘的读取值 B 与 C 之差在 0.08 mm 内

续表

实例	测量方法	测量说明
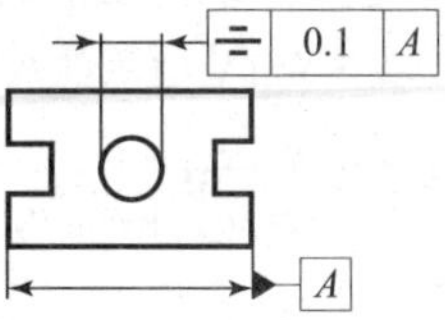 0.1 A A	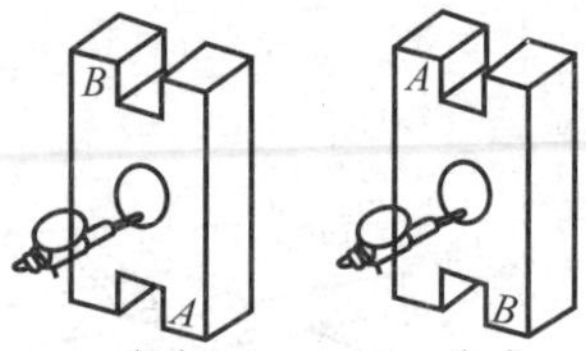 B A A B (a) (b) 上下方向回转180°	如图（a）所示进行测量，然后上下回转180°再进行测定，如图（b）所示。图（a）和图（b）的差值在0.1 mm以内
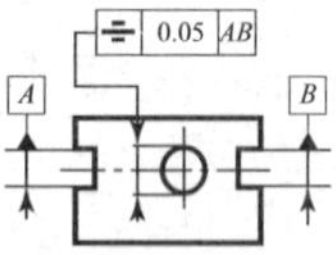 0.05 AB A B	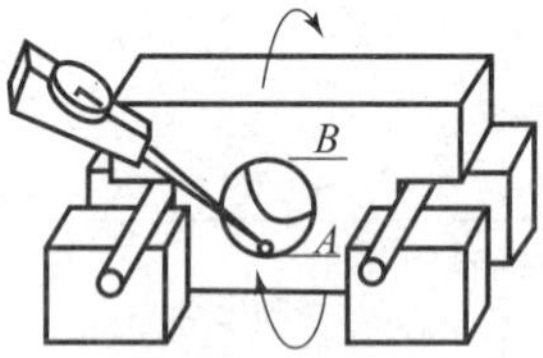 B A	千分表的测定方法： 如图所示进行测定，然后上下回转180°再进行测定。A、B的差值在0.05 mm以内
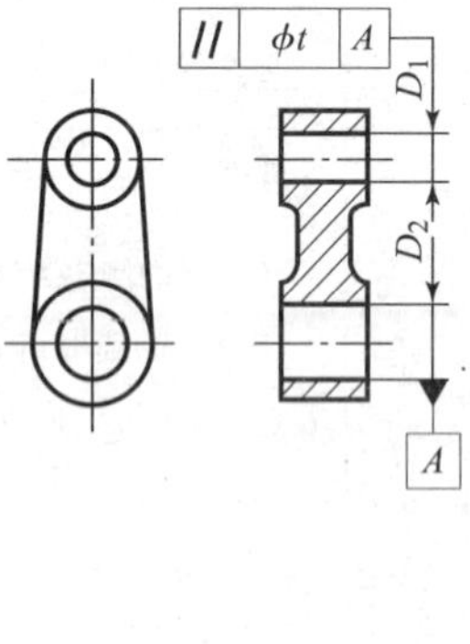 // ϕt A D_1 D_2 A	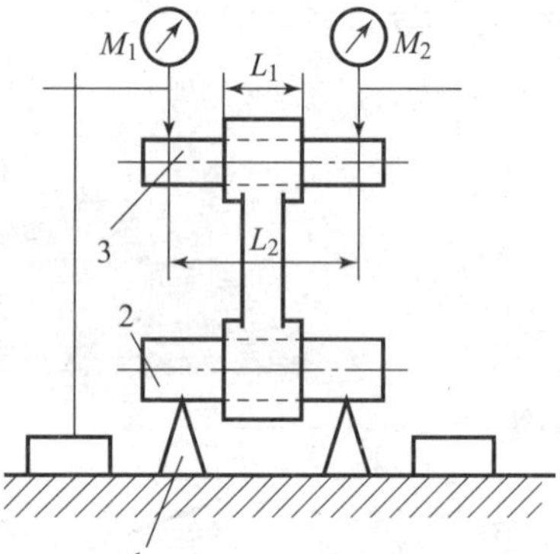 M_1 M_2 L_1 L_2 3 2 1 1—V形块；2，3—芯轴 X方向 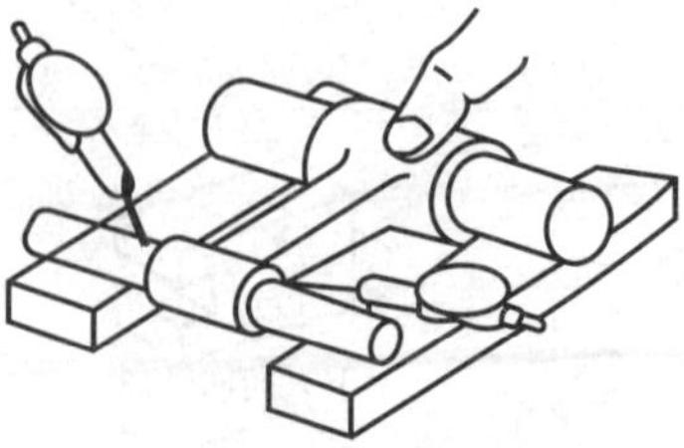	（1）将测量用芯轴分别插入双连杆的两个孔中，芯轴2用两等高的V形块支撑。用百分表在芯轴3相距为L_2的两点进行测量的读数分别为M_1与M_2，按下式计算平行度误差f： $f=(\|M_1-M_2\|)L_1/L_2$ 式中：f——平行度误差，mm； L_1——被测轴线长度（双孔连线长度，mm）。 （2）将相同高度的块规放在水平台上，插入芯轴，再放上工件，用手指固定基准侧，再用高度尺刻度表测定另一面左右偏差应在ϕt以内

续表

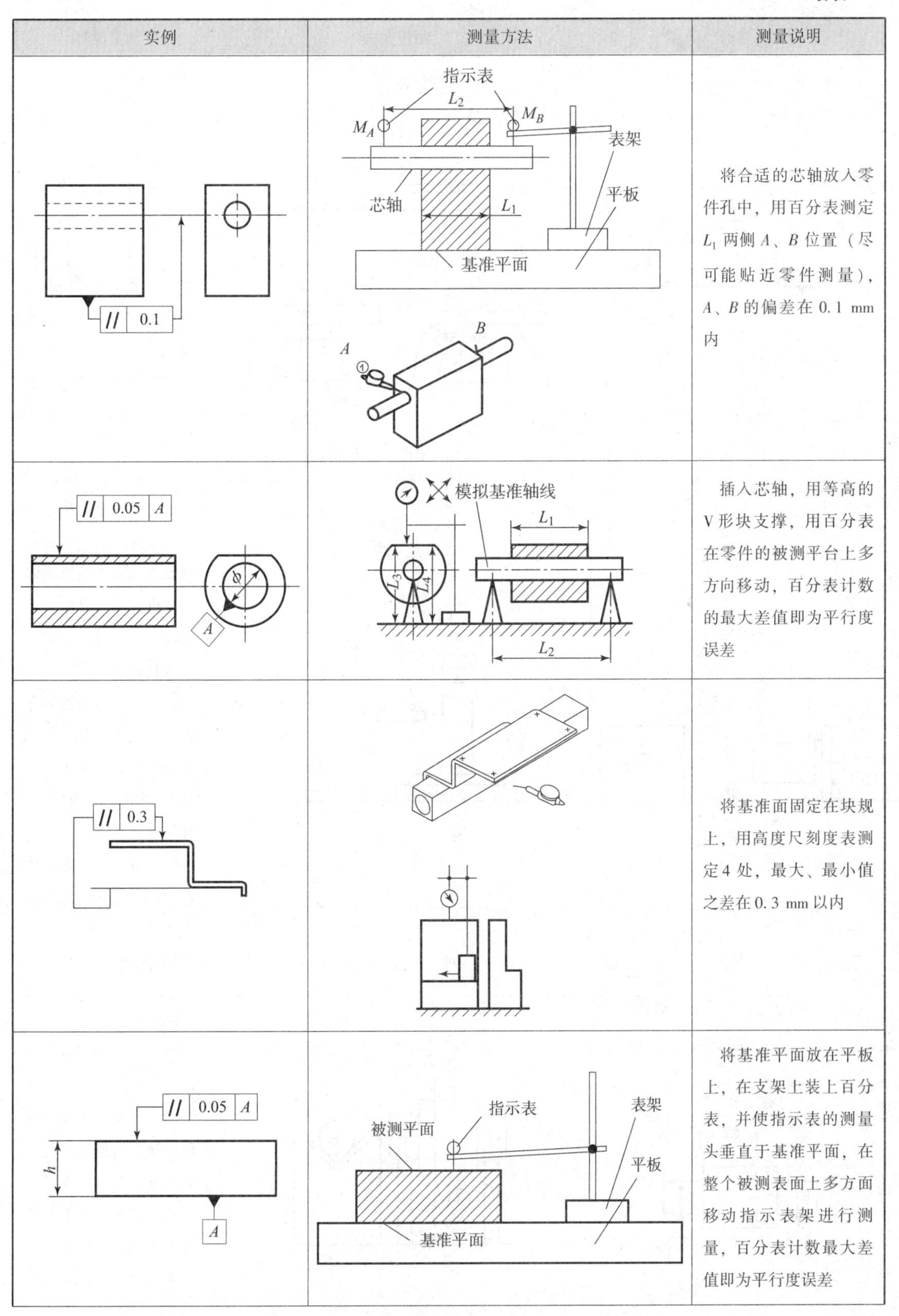

实例	测量方法	测量说明
		将合适的芯轴放入零件孔中，用百分表测定 L_1 两侧 A、B 位置（尽可能贴近零件测量），A、B 的偏差在 0.1 mm 内
		插入芯轴，用等高的 V 形块支撑，用百分表在零件的被测平台上多方向移动，百分表计数的最大差值即为平行度误差
		将基准面固定在块规上，用高度尺刻度表测定 4 处，最大、最小值之差在 0.3 mm 以内
		将基准平面放在平板上，在支架上装上百分表，并使指示表的测量头垂直于基准平面，在整个被测表面上多方面移动指示表架进行测量，百分表计数最大差值即为平行度误差

续表

实例	测量方法	测量说明
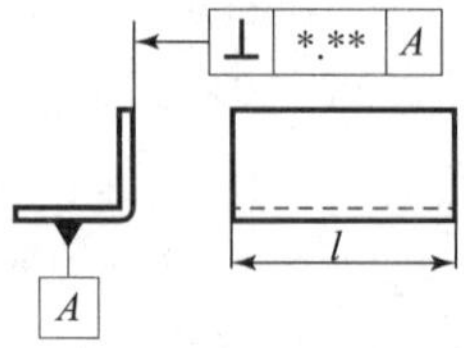	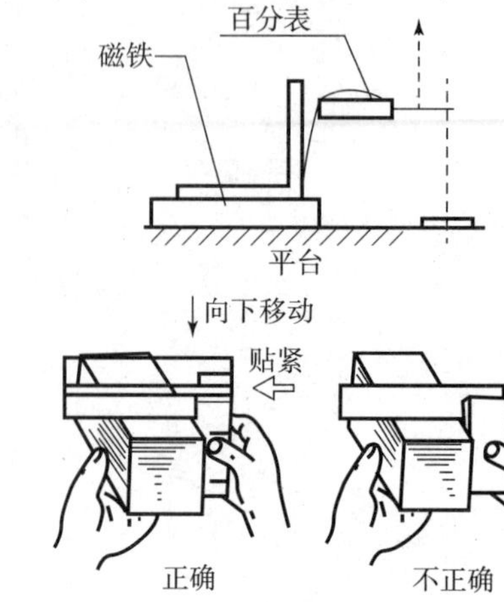 用刀口角尺检测垂直度	面与面垂直度的测定方法： （1）将基准面用磁铁与平台平行地支撑。 （2）将百分表从弯曲根部起移动至前端上，将读数的最大差作垂直度。 （3）用刀口角尺检验垂直度，如左图所示
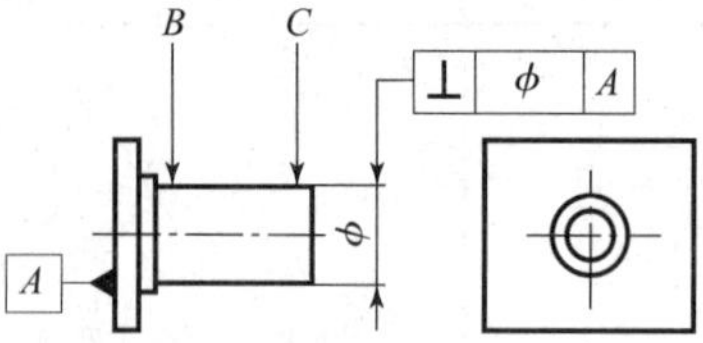	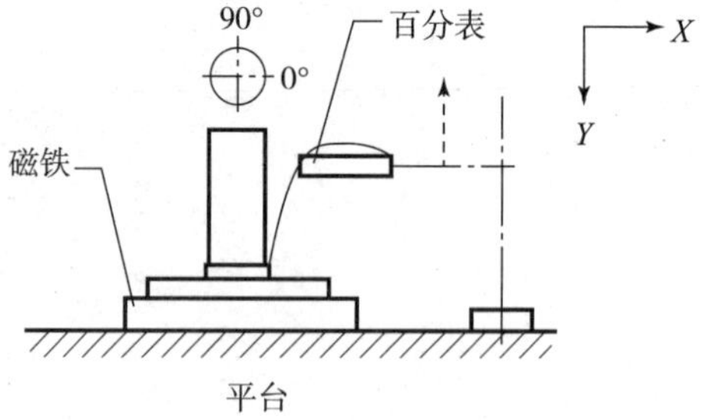	垂直度的测定方法： （1）在平台上，用磁铁如左图所示支撑测量物；将百分表接触于测量物上，在 B 点调零，确认到 C 点。 （2）将百分表接触于测量物上，将其在指示范围内所有地方上下移动。测定在0°和90°两处进行。 （3）在0°的读数最大差为 X；在90°的读数最大差为 Y，垂直度 $=\sqrt{X^2+Y^2}$
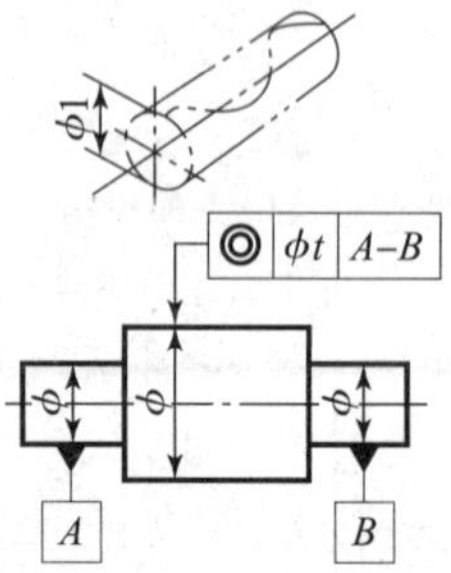	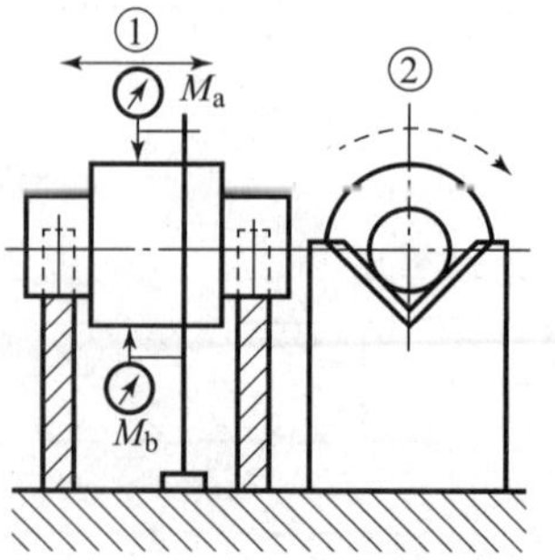	同轴度的检测方法： （1）将被测零件在V形块上定位。 （2）使指示表与测量面接触，当被测零件在V形块上转动一圈，指示表的变动量即为该零件的同轴度误差。即 $\lvert M_a - M_b \rvert \leqslant t$ 为合格

续表

实例	测量方法	测量说明
0.1 A $\phi30h6$ A $\phi50h7$		径向圆跳动的测定方法： （1）将被测零件支撑在导向套筒内或V形块上，并在轴向固定。导向套筒的轴线应与平板垂直。 （2）测头只在被测件端面上距基准轴线为某指定位置的一点（未指定时可在距端面边缘1～2 mm处）测量，而相对被测面端面无径向移动。 （3）在被测件转动一周过程中，指示表读数的最大值差即为该被测件的轴向圆跳动

（二）几种常用的测量几何误差的检验量具

1. 刀口角尺

刀口角尺的结构如图1－2－12所示。

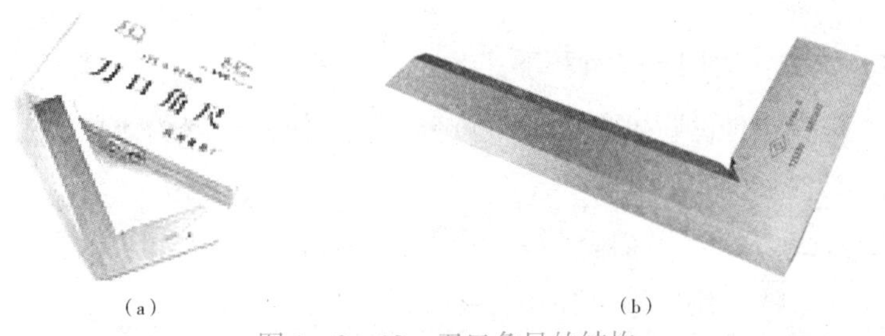

图1－2－12　刀口角尺的结构

1）刀口角尺的用途

刀口角尺主要用于以光隙法进行直线度测量和平面度测量，也可与量块一起用于检验平面精度。它具有结构简单、质量轻、不生锈、操作方便、测量效率高等优点，是机械加工常用的测量工具。

2）刀口角尺的使用注意事项

（1）测量前，应检查直尺的测量面不得有划痕、碰伤、锈蚀等缺陷。

(2) 在测量工件直线度时，刀口角尺一般可以代替三棱形直尺。

(3) 使用刀口角尺时，手应握持绝热板，避免温度影响和产生锈蚀。

(4) 不得碰撞，应确保其棱边的完整性，否则将影响测量精度。

(5) 使用后，不得与其他工具堆放在一起，应单独存放或装入专用盒内保存。

3) 刀口角尺的检验方法

(1) 将刀口角尺垂直紧靠在工件表面，并在纵向、横向和对角线方向逐次检查，如图 1－2－13 所示。

(2) 检验时，如果刀口角尺与工件平面透光微弱而均匀，则该工件平面度合格；如果进光强弱不一，则说明该工件平面凹凸不平。可在刀口角尺与工件紧靠处用塞尺插入，根据塞尺的厚度即可确定平面度的误差，如图 1－2－14 所示。

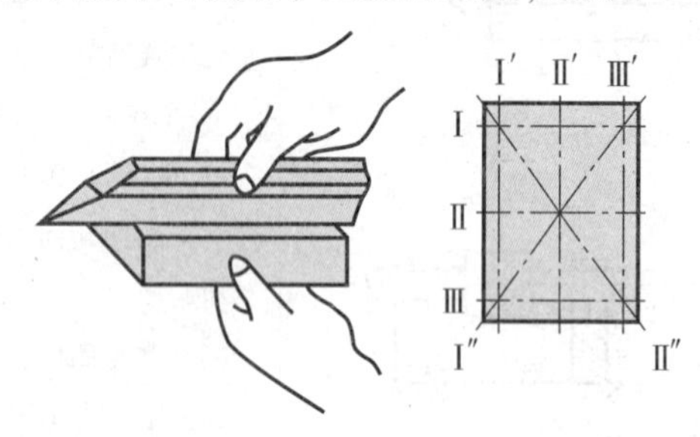

图 1－2－13　用刀口角尺检验平面度

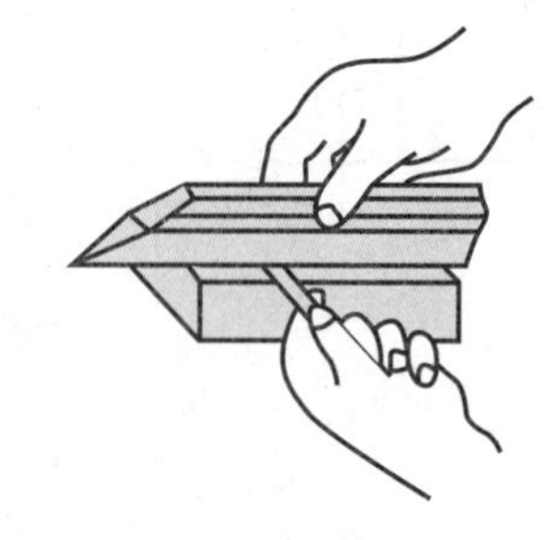

图 1－2－14　用塞尺测量平面度误差值

2. 钳工平板

钳工平板主要分为钳工装配平板、钳工检验平板和钳工划线平板三种，如图 1－2－15 所示。

图 1－2－15　平板

(1) 钳工装配平板：上面加工有 T 形槽，主要用于固定工件，是钳工用来调试设备、装配设备、维修设备的基础平板。

(2) 钳工检验平板：适用于各种检验工作，精度测量用的基准平面，检查零件的尺寸精度或形位偏差，并做精密划线，在机械制造检验中也是不可缺少的基本工具。

(3) 钳工划线平板：平台平面上划有标志线，是钳工用来检验工件，对工件划线时使用的基准标志线，标志线由用户按其使用情况，做出标志线的具体尺寸。

3. 方箱

根据用途不同，方箱可分为划线方箱、检验方箱、磁性方箱、T 形槽方箱、万能方箱等，是机械制造中零部件检测划线等的基础设备。用于零部件平行度、垂直度的检验和划线，万能方箱用于检验或划精密工件的任意角度线。方箱如图 1－2－16 所示。

4. 塞尺

塞尺又称片尺、间隙片，如图 1－2－17 所示，是一种由多片（6～8 片）不同厚度的标准钢片所组成的测量工具，每片钢片有平行的两个测量平面，并在钢片上标出其厚度值，如

0.05 mm、0.10 mm、0.30 mm 等。塞尺主要用于两个接合面之间间隙值的检验。使用时，可以用一片进行测量，也可以由多片组合在一起进行测量。

图 1-2-16 方箱

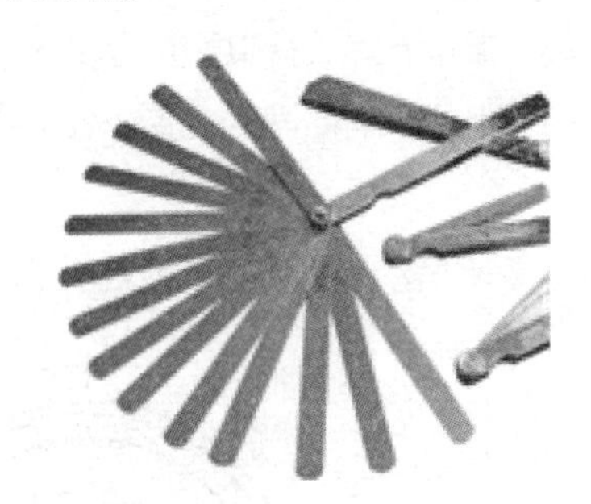

图 1-2-17 塞尺

使用塞尺时的注意事项如下：

(1) 使用前用干净布将塞尺片两测量表面擦拭干净，不能在沾有油污或金属屑末的情况下进行测量，否则将直接影响测量结果的准确性。

(2) 将塞尺片插入被测间隙中（如将检测面放在平板上，可选用适当厚度的一片，插入两者之间）来回拉动，感到稍有阻力则该间隙值接近塞尺片上所标出的数值。如果拉动时阻力过大或过小，则该间隙值小于或大于塞尺片上所标出的数值。

(3) 测量和调整间隙时，先选择符合间隙规定的塞尺片插入被测间隙中，然后在一边调整的同时，一边拉动塞尺片，直到感觉稍有阻力时为合适。

5. 百分表

1) 百分表的用途

百分表可用来精确测量零件圆度、圆跳动、平面度、平行度和直线度等形位误差，也可用来找正工件，如图 1-2-18 所示。

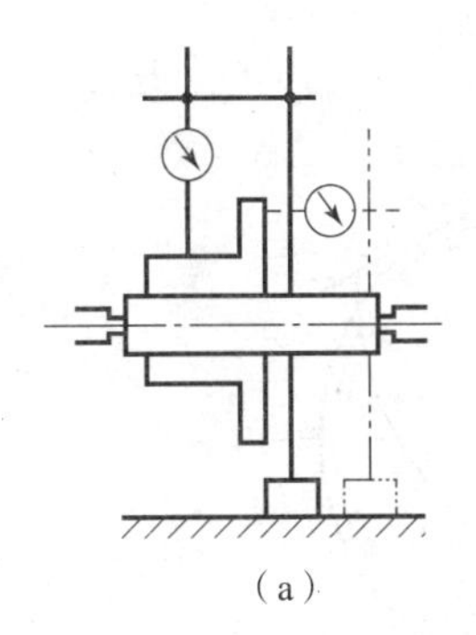

(a)

(b)

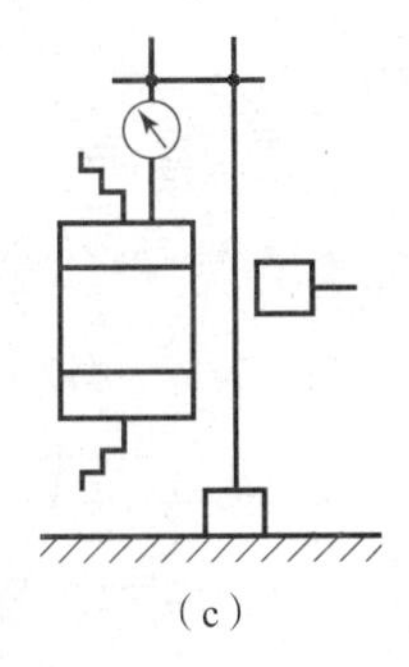

(c)

图 1-2-18 百分表的用途

(a) 检查外圆对孔的圆跳动；(b) 检查两平面的平行度；(c) 找正外圆

2) 百分表的结构及读数方法

百分表和千分表都是用来校正零件或夹具的安装位置，检验零件的形状精度或相互位置精度的。它们的结构原理没有什么大的不同，就是千分表的读数精度比较高，即千分表的读数值为 0.001 mm，而百分表的读数值为 0.01 mm。车间里经常使用的是百分表，因此，本文主要介绍百分表。百分表的外部结构如图 1－2－19 所示。8 为测量杆，6 为指针，表盘 3 上刻有 100 个等分格，其刻度值（读数值）为 0.01 mm。当指针转一圈时，小指针即转动一小格，转数指示盘 5 的刻度值为 1 mm。用手转动表圈 4 时，表盘 3 也跟着转动，可使指针对准任一刻线。测量杆 8 是沿着套筒 7 上下移动的，9 是测量头，2 是手提测量杆用的圆头。

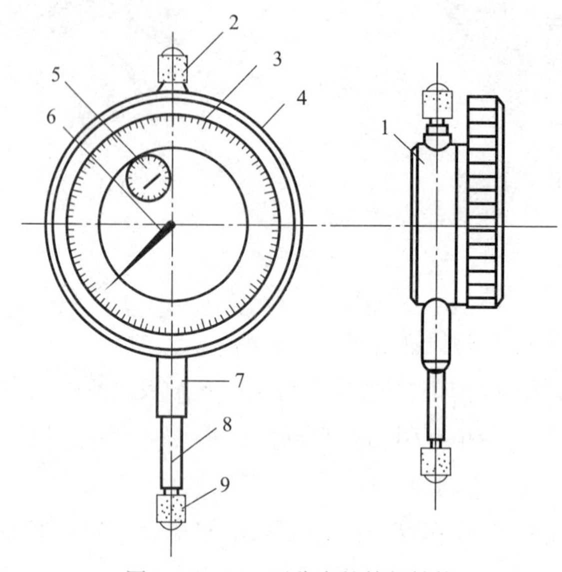

图 1－2－19　百分表的外部结构

1—表体；2—圆头；3—表盘；4—表圈；5—转数指示盘；6—指针；7—套筒；8—测量杆；9—测量头

百分表内部结构如图 1－2－20 所示。

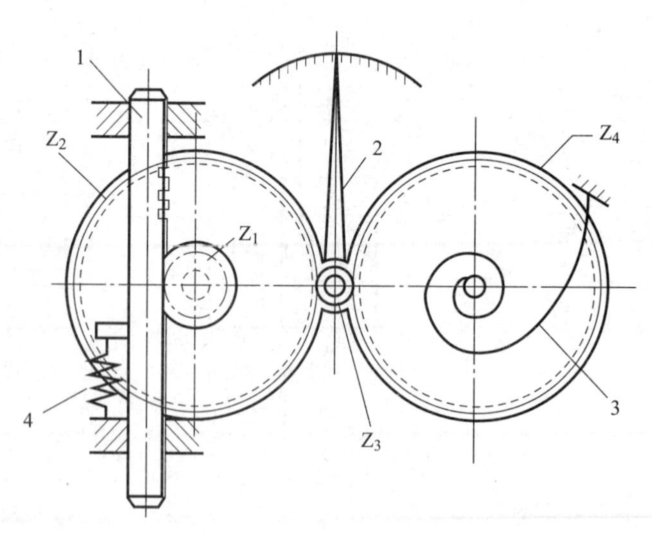

图 1－2－20　百分表内部结构

1—测量杆；2—指针；3，4—弹簧

带有齿条的测量杆 1 沿直线移动，通过齿轮传动（Z_1、Z_2、Z_3）转变为指针 2 的回转运动。齿轮 Z_4 和弹簧 3 使齿轮传动的间隙始终在一个方向，起着稳定指针位置的作用。弹簧 4 是控制百分表测量压力的。百分表内的齿轮传动机构，使测量杆直线移动 1 mm 时，指针正好回转一圈。由于百分表和千分表的测量杆是做直线移动的，可用来测量长度尺寸，所以它们也是长度测量工具。目前，国产百分表的测量范围（测量杆的最大移动量）有 0 ~ 3 mm、0 ~ 5 mm、0 ~ 10 mm 三种。读数值为 0.001 mm 的千分表测量范围为 0 ~ 1 mm。

3）百分表的使用方法

百分表常装在表架上使用，表架主要有万能表架、磁性表架和普通表架，如图 1 - 2 - 21 所示。在现场设备安装中主要使用磁性表架。

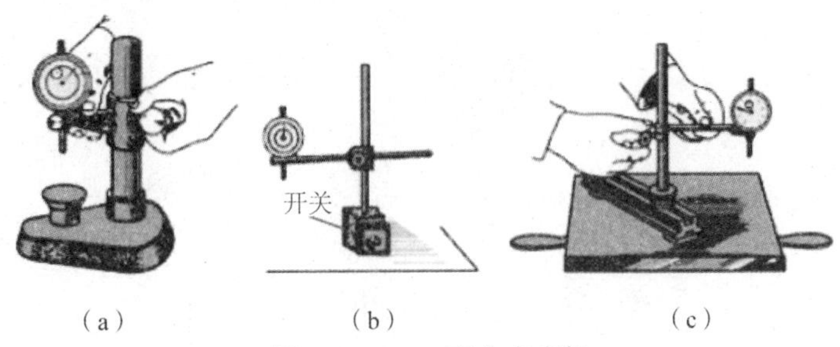

（a）　（b）　（c）

图 1 - 2 - 21　百分表表架

（a）万能表架；（b）磁性表架；（c）普通表架

4）百分表的刻线原理及读数

测量杆上装有触头，当测量杆轴向移动 1 mm 时长指针转动一周，由于表盘上共刻有 100 格，所以长指针转动一格，测量杆轴向移动0.01 mm。当长指针转动一周时表盘上的短指针转动一格，所以短指针转动一格为 1 mm，即百分表的读数为毫米数加上不足的毫米数等于短指针的读数加上长指针的读数。

5）其他百分表

（1）内径百分表。内径百分表如图 1 - 2 - 22 所示，它是用来测量孔径和孔的形状误差的，对于测量深孔极为方便。通过更换触头，可改变其测量范围。内径百分表的测量范围有 6 ~ 10 mm、10 ~ 18 mm、18 ~ 35 mm、35 ~ 50 mm、50 ~ 100 mm、100 ~ 160 mm、160 ~ 250 mm 等。内径百分表的示值误差较大，一般为 ±0.015 mm。

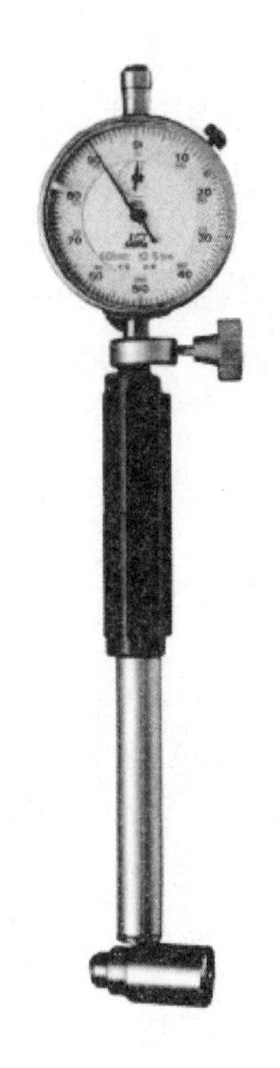

图 1 - 2 - 22　内径百分表

（2）杠杆百分表。杠杆百分表又称为杠杆表或靠表，如图 1 - 2 - 23 所示，它是利用杠杆齿轮传动机构或者杠杆螺旋传动机构将尺寸变化为指针角位移，并指示出长度尺寸数值的计量器具。杠杆百分表用于测量工件几何形状误差和相互位置的正确性，并可用比较法测量长度。它的体积小、精度高，适应于一般百分表难以测量的场合。

图 1－2－23　杠杆百分表

杠杆百分表的分度值为 0. 01 mm，测量范围不大于 1 mm，它的表盘是对称刻度的。

杠杆百分表可用于测量形位误差，也可用比较测量的方法测量实际尺寸，还可以测量小孔、凹槽孔距尺寸等。

在使用时应注意使测量运动方向与测头中心线垂直，以免产生测量误差。

6）百分表测量案例

测量 V 形块的尺寸精度要求和形位公差精度要求，使用百分表和量块组合，百分表测量案例如图 1－2－24 所示。

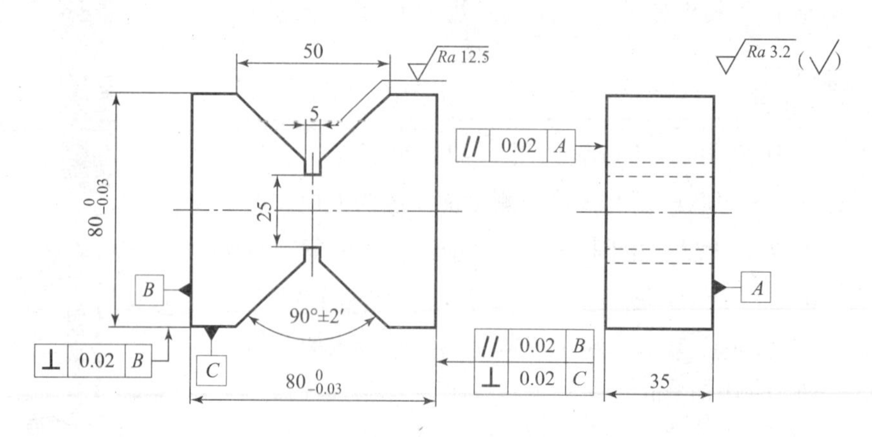

图 1－2－24　百分表测量案例

（1）百分表测量案例的操作步骤如下：

①检查表头的相互作用和稳定性；检查活动测头和可换测头表面是否光洁，连接是否稳固。

②擦拭被测工件，选择量块组和调整零位准备测量。

③用相对测量法测量工件的各长度尺寸。

④用百分表加磁力表座测量工件的形位误差。

⑤根据测量结果做出合格与否的结论。

（2）百分表测量案例的注意事项如下：

①使用前，应检查测量杆活动的灵活性。即轻轻推动测量杆时，测量杆在套筒内的移动要灵活，没有轧卡等现象，每次手松开后，指针能回到原来的刻度位置。

②使用时，必须把百分表固定在可靠的夹持架上。切不可贪图省事，随便夹在不稳固的地方，否则容易造成测量结果不准确或摔坏百分表。

③测量时，不要使测量杆的行程超过它的测量范围，不要使表头突然撞到工件上，也不要用百分表测量表面粗糙或有显著凹凸不平的工件。

④测量平面时，百分表的测量杆要与平面垂直；测量圆柱形工件时，测量杆要与工件的中心线垂直。否则，将使测量杆活动不灵或测量结果不准确。

⑤为方便读数，在测量前一般都让大指针指到刻度盘的零位。

⑥百分表不用时，应使测量杆处于自由状态，以免使表内弹簧失效。

三、表面粗糙度检测

1. 表面粗糙度的概念

机械加工后的工件表面，总会留下刀刃或磨轮加工的痕迹。虽然由于工件材料的不同，加工方法不一样，痕迹的深浅粗细也不一样，但都具有微观几何形状和尺寸特征，表面粗糙度如图 1－2－25 所示。

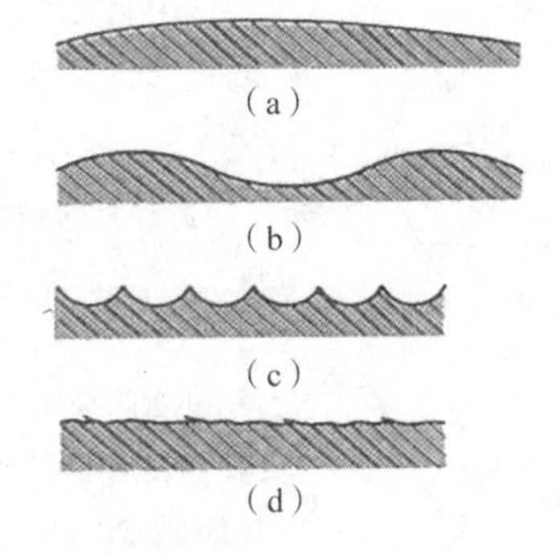

图 1－2－25　表面粗糙度

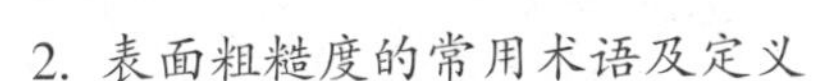

2. 表面粗糙度的常用术语及定义

1）轮廓算术平均偏差 *Ra*

在取样长度内，轮廓偏差绝对值的算术平均值，如图 1－2－26 所示。

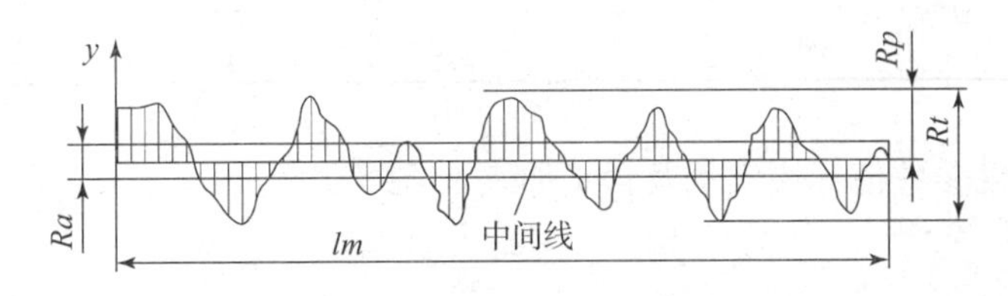

图 1－2－26　轮廓算术平均偏差 *Ra*

2）轮廓最大高度 Rz

它是在一个取样长度内，最大轮廓峰高与最大轮廓谷深之和，如图 1－2－27 所示。

3）表面粗糙度的符号及注法

表面粗糙度的符号及注法如表 1－2－8 所示。

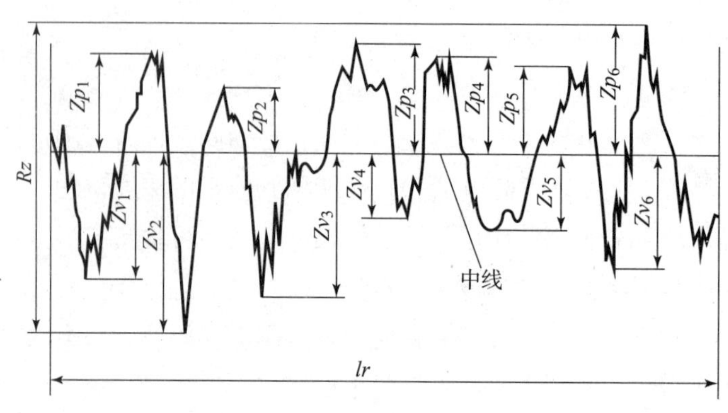

图 1－2－27　轮廓最大高度 Rz

表 1－2－8　表面粗糙度的符号及注法

符号	意义	附加标识
	可用任何制造加工方法获得	a 带数值（μm）的表面参数，过渡特征/单取样长度（mm）
	用去除材料的方法获得，如：车、铣	b 二级表面加工要求（如 a 的描述）
	用不去除材料的方法获得，或是用于保留原供应状态的表面	c 制造加工要求 d 加工纹理方向符号
	所有轮廓表面具有相同的表面加工要求	e 加工余量

表面粗糙度高度参数值标注实例及含义如表 1－2－9 所示。

表 1－2－9 表面粗糙度高度参数值标注实例及含义

符号	意义	符号	意义
不去除材料，Rz 10	• 用不去除材料的方法获得 • Rz = 10 μm（上极限） • 标准过渡特征[1] • 标准取样长度[2] • "16% 规则"[3]	去除材料，所有轮廓，Ra 8	• 用去除材料的方法获得 • Ra = 8 μm（上极限） • 标准过渡特征[1] • 标准取样长度[2] • "16% 规则"[3] • 应用于所有轮廓
Ra 35	• 用任何方法获得 • 标准过渡特征[1] • Ra = 35 μm（上极限） • 标准取样长度[2] • "16% 规则"[3]	0.5 去除材料，⊥，0.008–4/Ra 1.6，0.008–4/Ra 0.8	• 用去除材料的方法获得 • Ra = 1. 6 μm（上极限） • Ra = 0. 8 μm（下极限） • 对于两 Ra 的值； • "16% 规则"[3] • 过渡特征： • 标准取样长度[2] • 加工偏差 0. 5 mm • 表面纹理垂直
去除材料，Rzmax 0.5	• 用去除材料的方法获得 • Rz = 0. 5 μm（上极限） • 标准过渡特征[1] • 标准取样长度[2] "最大允许值规则"[4]		

注：1）标准过渡特征：用于粗糙度参数测量的极限波长由粗糙度轮廓决定，其数值由查表决定。

2）标准取样长度 l_n = 5 × 单取样长度 l_r。

3）"16% 规则"：允许实测值中有 16% 的测量超差。

4）"最大允许值规则"（"最高值规则"）：测量的值不可以超出规定的最高值。

3. 粗糙度测量

（1）比较法是在工厂里常用的方法，用眼睛或放大镜对被测表面与粗糙度样板比较，或用手摸，靠感觉来判断表面粗糙度的情况；这种方法不够准确，凭经验因素较大，只能对粗糙度参数值情况给个大概范围的判断，粗糙度对比块如图 1－2－28 所示。

图 1－2－28 粗糙度对比块

（2）光切法是利用光切原理来测量表面粗糙度的方法。在实验室中用光切显微镜或者双筒显微镜就可实现测量，它的测量准确度较高，但只适用于对 Rz、Ry 以及较为规则的表面测量，不适用于对测量粗糙度较高的表面及不规则表面的测量。

（3）干涉法是利用光学干涉原理测量表面粗糙度的一种方法。这种方法要找出干涉条纹，找出相邻干涉带距离和干涉带的弯曲高度，就可测出微观不平度的实际高度；这种方法调整仪器比较麻烦，不太方便，其准确度和光切显微镜差不多。

（4）触针法是利用仪器的测针与被测表面相接触，并使测针沿其表面轻滑过测量表面粗糙度的测量方法。采用这种方法的仪器最广泛的就是电动轮廓仪，它的特点是显示数值直观，可测量许多形状的被测表面，如轴类、孔类、锥体、球类、沟槽类工件，测量时间少，方便快捷。

粗糙度检测仪可分为便携式和台式电动轮廓仪，便携式仪器可在现场进行测量，携带方便，如图 1－2－29 所示；带记录仪的电动轮廓仪，可绘制出表面的轮廓曲线，带微机的轮廓仪可显示轮廓的形状情况，并由打印机打印出数据和表面的轮廓线，便于分析和比较。它的测量范围较大：*Ra* 值一般在 0.02～50 μm。

图 1－2－29　便携式粗糙度检测仪

知识三　锉削的操作与规范

一、锉削工艺基本概念

1. 工序

一个工人或一组工人在一个工作地点，连续完成一个或几个零件的工艺过程中的某一部分，称为工序。一个工件往往是经过若干个工序才制成的。同样的加工必须连续进行才能作为一个工序，如其中有中断，则作为两个工序。例如，一个工件一次连续加工完成为一道工序，如果先全部粗加工完再进行精加工就可以分为两道工序。

2. 工位

一次装夹后，工件在机床上所占的位置，称为工位。有的零件加工中虽然一次装夹，但在加工过程中工件改变了加工位置，那就可以看作是另一个工位。例如，利用分度头铣削六面体，就是 6 个工位。采用多工位加工，可以减少装夹次数和辅助时间，提高工作效率。

3. 工步

工序中加工表面、切削工具、切削用量均保持不变的部分称为工步。在同一工位中加工多个台阶，根据台阶数量划分工步数量。如果能用一组刀具同时完成所有加工面，那就称为一个复合工步。利用复合工步可以缩短机动时间，提高工作效率。

4. 基准

所谓基准，就是用来确定零件上各几何要素间的尺寸大小和位置关系所依据的一些点、线、面。在工件图中用来确定零件上其他点、线、面的基准称为设计基准。

基准选用原则有以下两点：

（1）在工件中选择面积比较大的点、线、面作为第一基准。

（2）工件中有已加工表面的，优先选择为第一基准。

5. 锉削

用锉刀对工件表面进行切削加工，使工件达到所要求的尺寸、形状、位置和表面粗糙度，这种加工方法称为锉削。锉削可以加工工件的内外平面、内外曲面、内外角、沟槽以及各种复杂形状的表面和一些不易使用机械加工的表面。锉削加工的精度可以达到0.01 mm，表面粗糙度值可以达到 $Ra0.8$ μm。

二、锉刀

锉刀是用碳素工具钢T12或T13经热处理后，再将工作部分淬硬，制成用于锉削加工的手动工具。

（1）锉刀的构造：锉刀由锉身（工作部分）和锉柄两部分组成。锉身的上下两面为锉面，是锉刀的主要工作面，在该面上经铣齿或剁齿后形成许多小楔形刀头，称为锉齿，锉齿经热处理淬硬后，硬度可达62～72 HRC，能锉削硬度高的钢材。

（2）锉刀的种类：锉刀按用途不同可分为钳工锉（普通锉）、特种锉和整形锉三种。普通锉按其断面形状不同，又可分为扁锉、三角锉、半圆锉、方锉和圆锉等几种。按锉齿的粗细（齿距大小）可分为5个号，其中1号锉纹最粗，齿距最大，一般称为粗齿锉刀（每10 mm轴向长度内的锉纹条数为5～8）；2号锉纹为中粗锉刀（每10 mm轴向长度内有8～12条锉纹）；3号锉纹为细齿锉刀（每10 mm轴向长度内有13～20条锉纹）；4号锉纹为双细锉刀（每10 mm轴向长度内有11～30条锉纹）；5号锉纹为油光锉刀（每10 mm轴向长度内有31～56条锉纹）。常见锉刀如图1－3－1和图1－3－2所示。

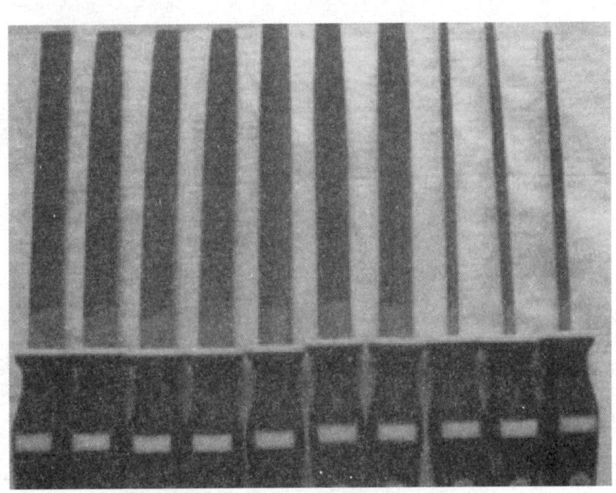

图1－3－1 锉刀

图1－3－2 什锦锉

三、锉刀的尺寸规格

钳工锉以锉身（自锉梢端至锉肩之间的距离）长度表示，有 100 ~ 150 mm、200 ~ 300 mm、350 ~ 450 mm 几种规格。异形锉和整形锉的全长即为规格尺寸。

四、选用锉刀的原则

锉刀的选用应遵循以下几个原则：

（1）锉刀断面形状的选用：锉刀的断面形状应根据被锉削零件的形状来选择，使两者的形状相适应。锉削内圆弧面时，要选择半圆锉或圆锉（小直径的工件）；锉削内角表面时，要选择三角锉；锉削内直角表面时，可以选用扁锉或方锉；等等。选用扁锉锉削内直角表面时，要注意使锉刀没有齿的窄面（光边）靠近内直角的一个面，以免碰伤该直角表面。

（2）锉刀齿粗细的选择：锉刀齿的粗细要根据加工工件的余量大小、加工精度、材料性质来选择。粗齿锉刀适用于加工大余量、尺寸精度低、形位公差大、表面粗糙度数值大、材料软的工件；反之应选择细齿锉刀。

（3）锉刀尺寸规格的选用：锉刀尺寸规格应根据被加工工件的尺寸和加工余量来选用。加工尺寸大、余量大时，要选用大尺寸规格的锉刀，反之要选用小尺寸规格的锉刀。

（4）锉刀齿纹的选用：锉刀齿纹要根据被锉削工件材料的性质来选用。锉削铝、铜、软钢等软材料工件时，最好选用单齿纹（铣齿）锉刀。单齿纹锉刀前角大、楔角小、容屑槽大，切屑不易堵塞，切削刃锋利。

五、锉刀使用规则

为了延长锉刀的使用寿命，必须遵守下列规则：

（1）不准用新锉刀锉硬金属。

（2）不准用锉刀锉淬火材料。

（3）有硬皮或黏砂的锻件和铸件，须在砂轮机上将其磨掉后，才可用半锋利的锉刀锉削。

（4）新锉刀先使用一面，当该面磨钝后，再用另一面。

（5）锉削时，要经常用钢丝刷清除锉齿上的切屑。

（6）锉刀不可重叠或者和其他工具堆放在一起。

（7）使用锉刀时不宜速度过快，否则容易过早磨损。

（8）锉刀要避免沾水、沾油或其他脏物。

（9）细锉刀不允许锉软金属。

（10）使用什锦锉时用力不宜过大，以免折断。

六、主要锉削方法

主要锉削方法包括顺向锉、交叉锉、推锉等，如图 1－3－3 所示。

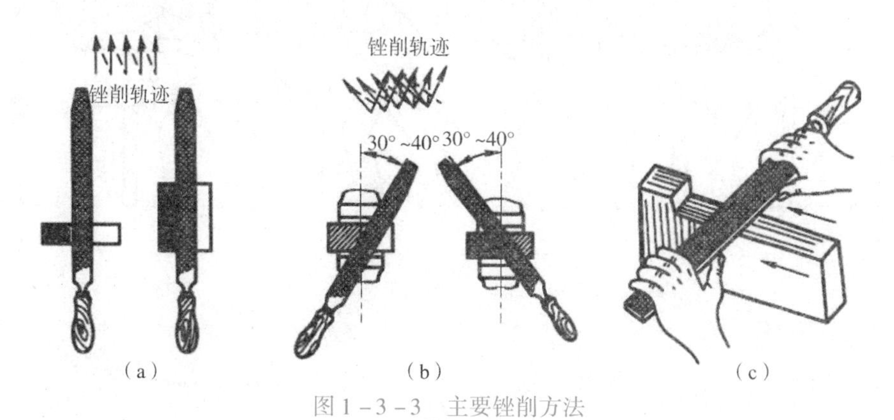

图 1－3－3　主要锉削方法

(a) 顺向锉；(b) 交叉锉；(c) 推锉

顺向锉：顺向锉是最普通的锉削方法。锉刀运动方向与工件夹持方向始终一致，面积不大的平面和最后锉光都是采用这种方法。顺向锉可得到正直的锉痕，比较整齐美观，精锉时常采用。

交叉锉：锉刀与工件夹持方向约成 35°，且锉痕交叉。交叉锉时锉刀与工件的接触面积增大，锉刀容易掌握平稳。交叉锉一般用于粗锉。

推锉：推锉一般用来锉削狭长平面，使用顺向锉法锉刀受阻时使用。推锉不能充分发挥手臂的力量，故锉削效率低，只适用于加工余量较小和修整尺寸时。

七、锉削作业规范

锉削作业规范包括以下几点：

(1) 锉削操作时，锉刀必须装柄使用，以免刺伤手心。

(2) 由于虎钳钳口淬火处理过，不要锉到钳口上，以免磨钝锉刀和损坏钳口。

(3) 不要用手去摸锉刀面或工件以防锐棱刺伤等，同时防止手上油污沾到锉刀或工件表面使锉刀打滑，造成事故。

(4) 锉下来的屑末要用毛刷清除，不要用嘴吹，以免屑末进入眼内。

(5) 锉面堵塞后，用钢丝刷顺着锉纹方向刷去屑末。

(6) 锉刀放置时，不要伸出工作台之外，以免碰落摔断或砸伤脚背。

八、锉削姿势

锉削规范姿势和两脚的位置分别如图 1－3－4 和图 1－3－5 所示。

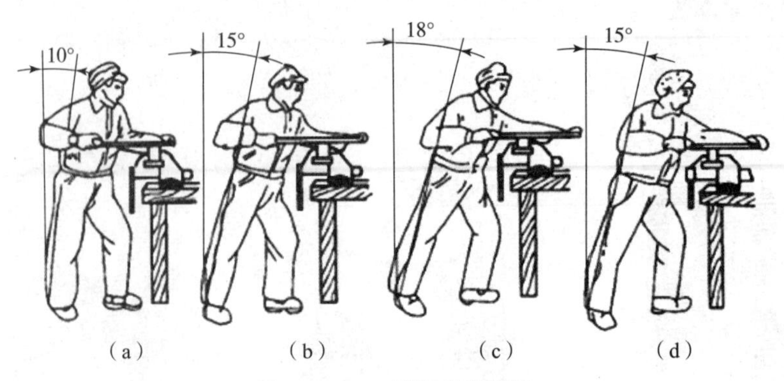

图 1－3－4　锉削规范姿势

(a) 开始锉削；(b) 锉刀推出 1/3 的行程；(c) 锉刀推出 2/3 的行程；(d) 锉刀行程推尽时

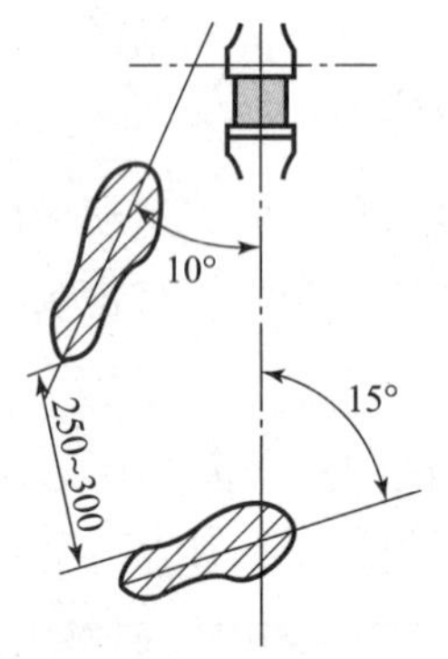

图 1－3－5　两脚的位置

九、锉削运动

锉削运动过程如图 1－3－6 所示。

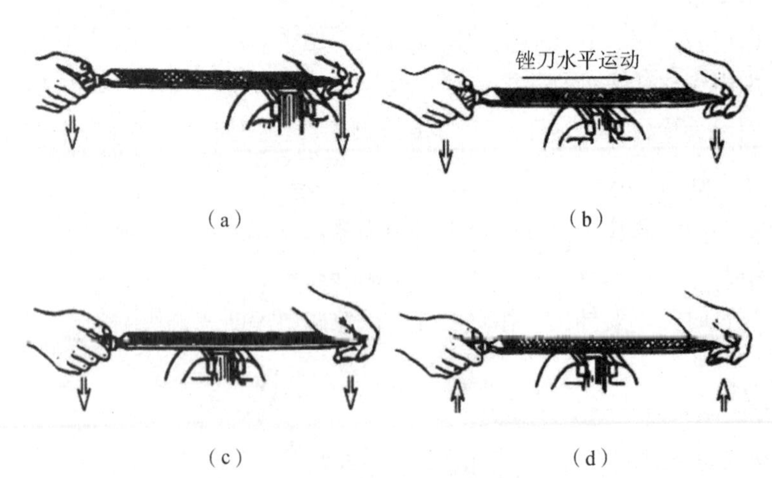

图 1－3－6　锉削运动过程

(a) 锉削开始；(b) 锉削中；(c) 锉削终结；(d) 锉刀返回

图 1-3-6（a）中，前手力大，后手力小，前后保持平衡；图 1-3-6（b）中，前手力减小，后手力加大，前后保持平衡；图 1-3-6（c）中，前手力小，后手力大，前后保持平衡；图 1-3-6（d）中，前后手向上抬起锉刀，返回到开始状态。

十、锉削夹具

1. 虎钳构造

虎钳构造如图 1-3-7 所示。

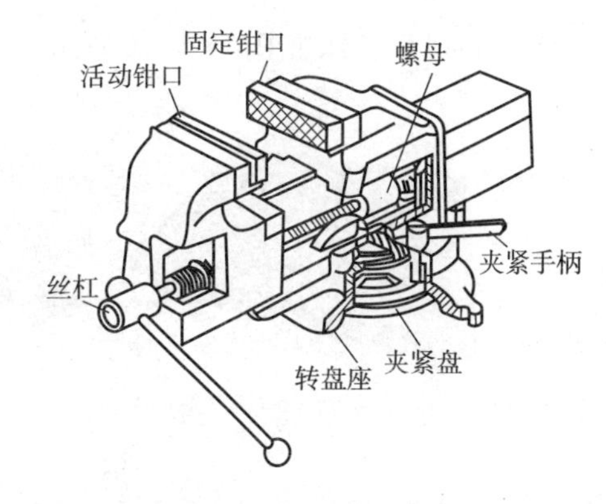

图 1-3-7 虎钳构造

2. 虎钳用途与种类

虎钳用来夹持工件，其规格以钳口的宽度来表示，有 100 mm、125 mm、150 mm 三种。

3. 虎钳的正确使用和维护方法

（1）虎钳必须正确、牢固地安装在钳台上。

（2）工件的装夹应尽量在虎钳钳口的中部，以使钳口受力均衡，夹紧后的工件应稳固可靠。

（3）只能用手扳紧手柄来夹紧工件，不能用套筒接长手柄加力或用手锤敲击手柄，以防损坏虎钳零件。

（4）不要在活动的钳身表面进行敲打，以免损坏与固定钳身的配合性能。

（5）加工时用力方向最好是朝向固定钳身。

（6）丝杠、螺母要保持清洁，经常加润滑油，以便提高其使用寿命。

知识四 划线的操作与规范

一、划线

划线是机械加工中的一道重要工序，广泛用于单件或小批量生产。在铸造企业，对新模具首件进行划线检测，可以及时发现铸件尺寸形状上存在的问题，采取措施避免产生批量不合格造成的损失。根据图样和技术要求，在毛坯或半成品上用划线工具画出加工界线，或划出作为基准的点、线的操作过程称为划线。划线分为平面划线和立体划线两种。只需要在工件一个表面上划线即能明确表明加工界限的，称为平面划线；需要在工件几个互成不同角度（一般是互相垂直）的表面上划线，才能明确表明加工界限的，称为立体划线。对划线的基本要求是线条清晰匀称，定型、定位尺寸准确。由于划线的线条有一定宽度，一般要求精度达到 0.25～0.5mm。应当注意，工件的加工精度不能完全由划线来确定，而应该在加工过程中通过测量来保证。

1. 划线的作用

划线有以下几个作用：

（1）确定工件的加工余量，使加工有明显的尺寸界限。

（2）为便于复杂工件在机床上的装夹，可按划线找正定位。

（3）能及时发现和处理不合格的毛坯。

（4）当毛坯误差不大时，可以采用借料划线的方法来补救，从而提高毛坯的合格率。

2. 划线工具

常见的划线工具如图 1－4－1 所示。

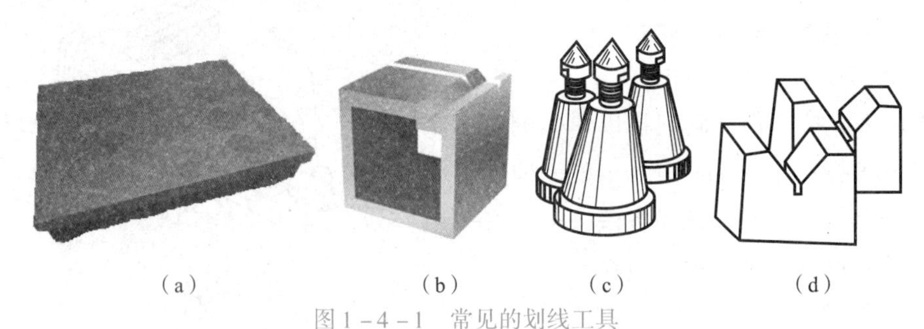

（a）　（b）　（c）　（d）

图 1－4－1　常见的划线工具

（a）划线平板；（b）方箱；（c）千斤顶；（d）V 形铁

1）基准工具

划线的基准工具为划线平板。划线平板由铸铁制成，工作表面经过精刨或刮削加工，作为划线的基准平面，其作用是安放工件和划线工具，并在平台表面上完成划线工作。要求放置时应使平台工作表面处于水平状态，使用时应注意以下几点：

（1）工件和工具要轻拿轻放，不可损伤其工作表面。

（2）平台不准碰撞和用锤敲击，以免使其精度降低。

（3）工作表面应经常保持清洁，长期不用时应涂油防锈并加盖保护罩。

2）辅助工具

（1）方箱。方箱是用铸铁制成的空心立方体，表面经过精细加工，各相邻的两个面均互相垂直。通常在立体划线中利用一次装夹、翻转方箱，在工件的表面上划出互相垂直的线条。方箱常用于夹持、支撑尺寸较小的工件。

（2）千斤顶。千斤顶是在平板上支撑较大及不规则工件时使用的，通常 3 个为一组，其高度可以调整。

（3）V 形铁。V 形铁一般用铸铁或碳素工具钢制成，主要用于支承圆柱形工件，便于找出工件中心和划出中心线。通常 V 形铁都是一副两块一起使用。

3）划针

划针是直接在毛坯或工件上划线的工具，如图 1－4－2 所示。在已加工表面上划线时常用直径 5～3 mm 的弹簧刀和高速钢制成划针，将划针先磨成 10°～20°，并经淬火处理提高其硬度及耐磨性。在铸件、锻件等表面上划线时，常用尖部含有硬质合金的划针。划针一般用工具钢或弹簧钢丝制成，是在工件表面上辅助直尺、角尺或样板等基本划线导向工具进行划线的工具，一般磨削成 10°～20°。

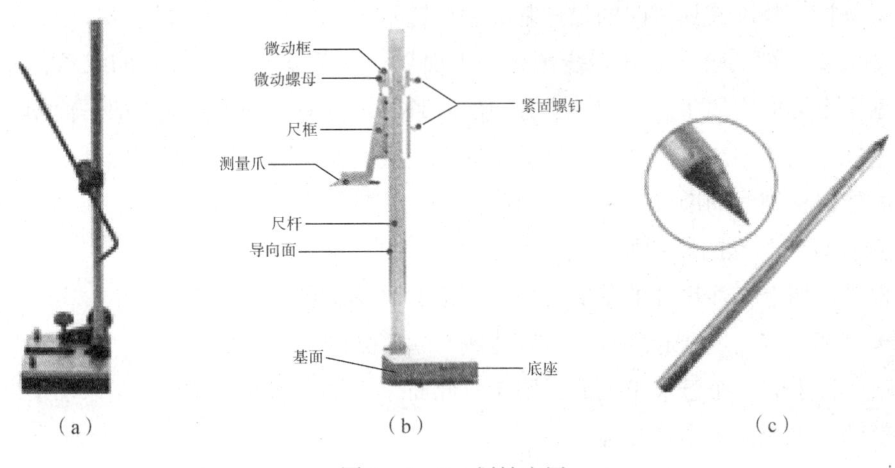

图1-4-2 划针应用

(a) 划针盘；(b) 高度尺；(c) 合金头划针

划针在使用过程中应注意：针尖紧靠导向工具的边缘、上部向外倾斜15°~20°，沿划线方向倾斜45°~75°，如图1-4-3所示。在使用过程中针尖要保持尖锐，划线尽量一次完成，用完后套上塑料套以防伤人。

4）划规

划规是用来划圆和圆弧、等分线段、等分角度和量取尺寸的工具，如图1-4-4所示。划规的两脚长度要磨得稍有不等，这样两脚才能在合拢时脚尖靠紧。划圆弧时应将手力作用到作为圆心的一脚，以防中心滑移。

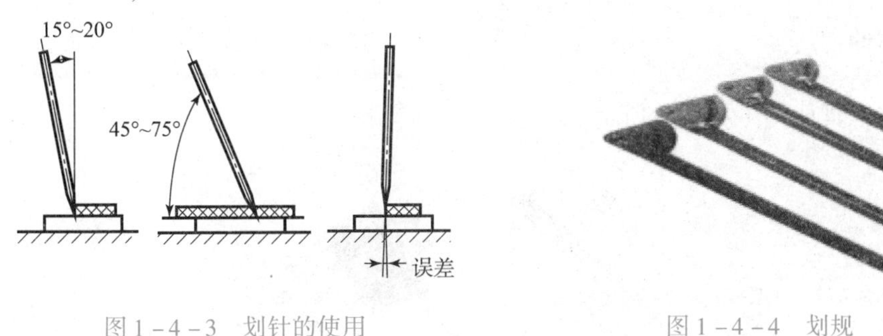

图1-4-3 划针的使用

图1-4-4 划规

5）划针盘

划针盘主要用于立体划线和校正工件的位置，可分为固定式和可调式两种。它由底座、立柱、划针和锁紧装置等组成。其中划针直端部分用于划线，弯曲部分用于校正。划线时，使伸出部分尽量短些，以防止划线产生抖动，底座面要贴紧划线平台，调节紧固螺母使划针与工件表面成45°左右，移动划针盘划线，用完后划针要处于直立状态。

3. 钳工划线方法

(1) 划线基准的选择：划线时需要选择工件上某个点、线或面作为依据，以用来确定工件上其他各部分尺寸、几何形状和相对位置，此所选的点、线或面称为划线基准。划线基准一般与设计基准应该一致。选择划线基准时，需将工件、设计要求、加工工艺及划线工具等综合起来分析，找出其划线时的尺寸基准和位置基准。

（2）划线有平面划线和立体划线两种。平面划线一般要划两个方向的线条，而立体划线一般要划三个方向的线条。每划一个方向的线条必须有一个划线基准，故平面划线要选择两个划线基准，立体划线要选择三个划线基准。划线前要认真细致地研究图纸，正确选择划线基准，才能保证划线的准确、迅速。

（3）选择划线基准的原则如下：

①根据零件图上标注尺寸的基准（设计基准）作为划线基准。

②如果毛坯上有孔或凸起部分，应以孔或凸起部分的中心为划线基准。

③如果工件上有一个已加工表面，则应以此面作为划线基准；如果都是未加工表面，则应以较平整的大平面作为划线基准。

（4）常用划线基准选择如下：

①以两个互相垂直的线（或面）作为划线基准。

②以一个平面和一条中心线作为划线基准。

③以两条互相垂直的中心线作为划线基准。

（5）划线方法：平面划线与机械投影图样相似，所不同的是，它是用划针、划规等划线工具在金属材料的平面上作图。在批量生产中，为了提高效率，也常用划线样板来划线。除上述介绍的划线方法以外，还有直接按照原件实物面进行的模仿划线和在装配工作中采用的配合划线（有用工件直接配合后划线，也有用硬纸板拓印及其他印迹配合划线）等方法。通过配合划线加工后的工件，一般都能达到装配要求。

二、打样冲

样冲套装工具如图 1－4－5 所示。

图 1－4－5　样冲套装工具

（1）在钳工中，很多时候需要划线。为了避免划出的线被擦掉，要在划出线上以一定的距离打一个小孔（小眼）作标记，这个小孔（小眼）称为样冲眼。

（2）所需要钻孔的中心点，即孔的定位点，方便钻床加工时的定位。这个点一般用样冲加工，叫作打样冲，如图 1－4－6 所示。

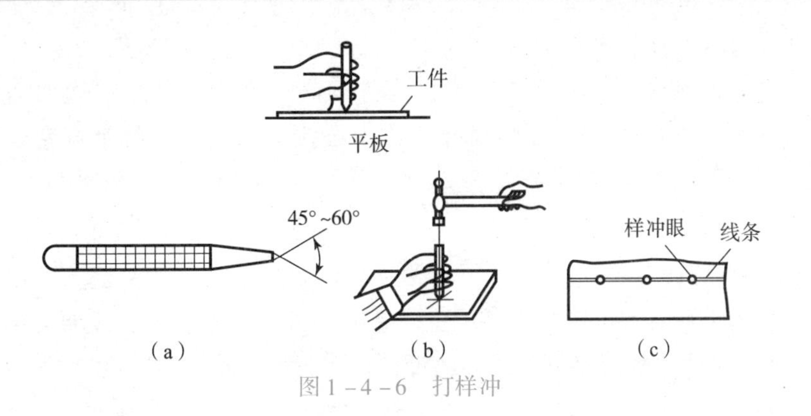

图 1-4-6 打样冲

三、立体划线

立体划线是平面划线的复合运用，它和平面划线有许多相同之处，其不同之处是在两个以上的面上划线，如划线基准一经确定，其后的划线步骤与平面划线大致相同。立体划线的常用方法有两种：一种是工件固定不动，该方法适用于大型工件，其划线精度较高，但生产率较低；另一种是工件翻转移动，该方法适用于中小件，其划线精度较低，而生产率较高。在实际工作中，特别是中、小件，有时也采用中间方法，即将工件固定在可以翻转的方箱上，这样便可兼得两种划线方法的优点。

1. 划线前的准备工作

1）毛坯涂色

为保证划线的清晰度，应清除工件表面的氧化铁皮、油污、型砂、飞边、毛刺等，并在划线部位的表面涂上一层薄而均匀的涂料。

常用的涂料有：石灰水、粉笔和蓝油。石灰水用于铸、锻件毛坯表面；粉笔用于小件毛坯表面；蓝油用于钢、铸件半成品（光坯）及有色金属表面。

2）在工件的孔中装中心塞块

在有孔的工件上划圆或等分圆周时，为便于划线，必须在孔内先安装一个定圆心用的塞块。塞块有铅塞块、木塞块和可调节塞块之分。铅塞块使用方便，但只适用于直径较小的孔。其他两种塞块适用于直径较大的孔。当用木塞块时，在定圆心的部位预先钉上一块铁皮。

2. 划线基准及选择

1）划线基准

工件上要划出很多条线，从哪一条开始划？我们在划线时要遵循划线原则，即从基准开始。划线时应在工件上选择一个（或几个）面（或线）作为划线的根据，用它来确定工件的几何形状和各部分的相对位置，这样的面（或线）就是划线基准。

2）划线基准的类型

划线基准的三个类型如下：

(1) 以两条中心线为基准。零件上宽和高方向的尺寸与中心线具有对称性，其他尺寸也是从中心线起始标注的。

（2）以一条中心线和一个平面为基准。零件的高度方向尺寸是以底面为依据，此底面就是高度方向划线基准。宽度方向尺寸对称中心线，此中心线就是宽度方向的划线基准。

（3）以两个互相垂直的平面为基准，每一个方向的尺寸都是依据它们的外平面确定的。

3）划线基准的选择

（1）当工件为毛坯时，可选择零件图上较重要的几何要素，如以主要孔的中心线或平面等为划线基准，并力求划线基准与零件的设计基准保持一致。

（2）以两条互相垂直的边（或面）作为划线基准。

（3）以一条边（或面）和一条中心线（或中心平面）作为划线基准。

（4）以两条互相垂直的中心线作为划线基准。

（5）如果工件上有一个已加工平面，则应以此平面作为划线基准。

（6）如果工件都是毛坯表面，则应以较平整的大平面作为划线基准。

（7）平面划线时，通常选择两个基准。

（8）立体划线时，通常需选择两个以上基准。

3. 划线步骤

（1）详细研究图纸，确定划线基准。

（2）清理毛坯表面，涂以适当的涂料。

（3）正确安放工件，选用划线工具。

（4）按图纸技术要求进行划线。

（5）划完线应仔细检查有无差错。

（6）准确无误后，方可在线上打样冲眼。

4. 划线操作要点

1）工件准备

清理工件毛坯表面的氧化铁皮、飞边，残留的泥沙、污垢，以及已加工工件上的毛刺、铁屑等。当需要利用毛坯空档处的某点（如圆孔的中心点）划其他线条时，必须在该空档处加塞木块。

2）操作时的注意事项

按工件图样的要求，选择所需工具，并检查和校验工具。

（1）看懂图样，了解零件的作用，分析零件的加工顺序和加工方法。

（2）工件夹持或支撑要稳妥，以防滑倒或移动。

（3）在一次支撑中应将要划出的平行线全部划全，以免再次支撑补划，造成误差。

（4）正确使用划线工具，划出的线条要准确、清晰。

（5）划线完成后，要反复核对尺寸，才能进行机械加工。

5. 找正和借料

由于种种原因造成铸、锻毛坯件的形状歪斜，孔位置的偏心，各部分壁厚不均匀等缺陷，如果偏差不大时，可以通过划线时的找正和借料的方法进行补救。

1）找正

找正，即根据加工要求用划线工具检查或找正工件上有关不加工的表面，使之处于合理的位置。以此为依据划线，可使加工表面和不加工表面之间保持尺寸均匀。图1－4－7所示为轴承座毛坯，由于底座厚度不一致，因此划线时应以不加工的A面为依据进行找正。当A面校正水平后划出底面加工线，这样就可以保证底座厚薄比较均匀。当上部的内孔与外圆不同轴时，应以外圆为找正依据，求出圆心后再划内孔的加工线。

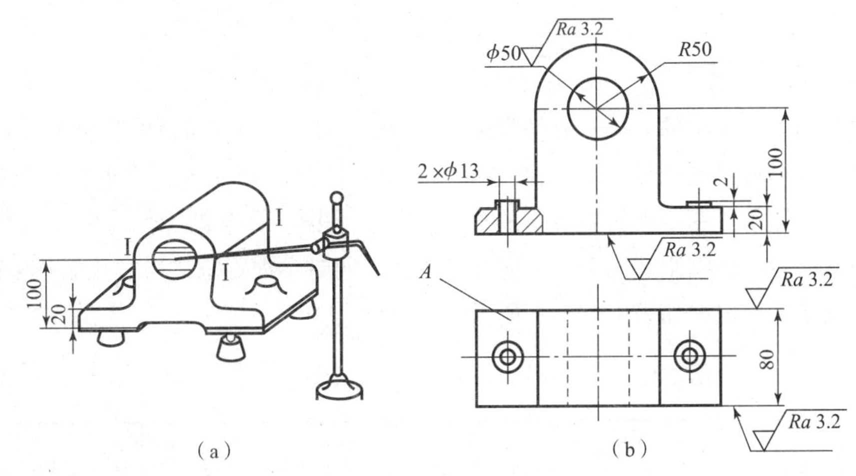

图1－4－7 轴承座毛坯

2）借料

通过划线把各加工面的余量重新合理分配，使之达到加工要求，这种补救性的划线，称为借料。借料应掌握的要点是：需要进行借料划线时，应先测量毛坯各部位的尺寸，并对各平面、各孔的加工余量及毛坯的偏移量进行综合分析；根据图纸技术要求，对各加工面的实际加工量进行合理的分配；确定借料的方向与距离，定出划线基准面；以确定的中心线或中心点作基准进行划线。

找正和借料这两项工作在划线时是密切结合进行的。当然，不是所有的误差和缺陷都可以通过找正和借料进行补救，这点必须注意。

知识五 锯割的操作与规范

一、锯割工艺知识

用手锯把工件材料切割开或在工件上锯出沟槽的操作叫作锯割。

1. 手锯构造

手锯由锯弓和锯条构成，如图1－5－1所示。锯弓是用来安装锯条的，它有可调式和固定式两种。固定式锯弓只能安装一种长度的锯条，可调式锯弓通过调整可以安装几种长度的锯条。可调式锯弓的锯柄形状便于用力，所以现在被广泛使用。

(a) (b)

图 1-5-1 锯弓与锯条

2. 锯条的正确选用

锯条根据锯齿的牙距的大小，有细齿（1.1 mm）、中齿（1.4 mm）和粗齿（1.8 mm），使用时应根据所锯材料的软硬、厚薄来选用。锯割软材料（如紫铜、青铜等）且较厚的材料时应选用粗齿锯条；锯割硬材料或薄的材料（如工具钢、合金钢等）时应选用细齿锯条。一般，锯割薄材料，在锯割截面上至少应有三个齿能同时参加锯割，这样才能避免锯齿被钩住和崩裂，锯条选用依据如表 1-5-1 所示。

表 1-5-1 锯条选用依据

项目	每 25 mm 长度内齿数	应　用
粗	14 ~ 18	锯割软钢、黄钢、铝、铸铁、紫铜、人造胶质材料
中	22 ~ 24	锯割中等硬度钢、薄壁的钢管
细	32	薄片金属、薄壁的钢管
细变中	32 ~ 20	一般工厂中用

二、手锯的使用

（1）握法。右手满握锯柄、左手轻扶在锯弓前端。

（2）姿势。锯割时的站立位置和身体摆动姿势与锉削基本相似，摆动要自然。

（3）压力。锯割运动时，推力和压力由右手控制，左手主要配合右手扶正锯弓压力不要过大。手锯推出时为切削行程施加压力，返回行程不切削、不加压力，做自然拉回。工件将断时压力要小。

（4）运动和速度。锯割运动一般采用小幅度的上下摆动式运动。手锯推进时，身体略向前倾，双手随着压向手锯的同时，左手上翘、右手下压；回程时右手上抬、左手自然跟回，这样操作自然，两手不易疲劳，适用于比较粗的零件。对锯缝底面的要求平直的锯割，必须采用直线运动。锯割运动的速度一般为以每分钟 30 ~ 60 次为宜，并应用锯条全长的 2/3 工作，以避免局部磨钝。锯割硬材料慢些，锯割软材料快些，锯割行程应保持均匀，返回行程的速度应相对快些。

锯割规范姿势如图 1－5－2 所示。

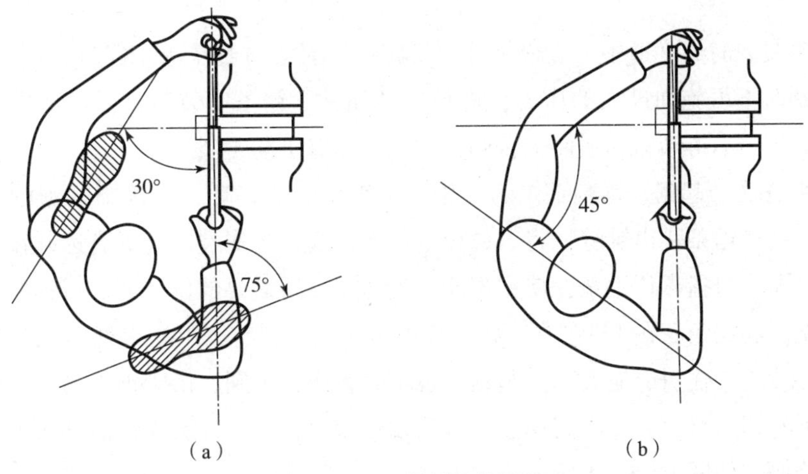

（a）　（b）

图 1－5－2　锯割规范姿势

（a）锯割的站立位置；（b）锯割的姿势

三、锯割操作方法

（1）工件的夹持。工件一般应夹在虎钳的左面，以便操作；工件伸出钳口不应过长，应使锯缝离开钳口侧面约 20 mm，防止工件在锯割时产生振动；锯缝线要与钳口侧面保持平行（使锯缝线与铅垂线方向一致），便于控制锯缝不偏离划线线条；夹紧要牢靠，同时要避免使工件夹变形和夹坏已加工面。

（2）锯条的安装。手锯是在前推时才起切削作用的，因此锯条安装应使齿尖的方向朝前，如果装反了，则锯齿前角为负值，就不能正常锯割了。在调节锯条松紧时，蝶形螺母不宜旋得太紧或太松，太紧时锯条受力太大，在锯割中用力稍有不当，就会折断；太松则锯割时锯条容易扭曲，也易折断，而且锯出的锯缝容易歪斜。

（3）锯割时要随时观察，发现锯缝偏离及时纠正。

（4）锯割到材料快断时，用力要轻，以防碰伤手臂或折断锯条。

（5）锯割结束后锯条适当放松，放在指定位置。

锯割的动作要领：身动锯才动，身停锯不停，身回锯缓回，如图 1－5－3 所示。

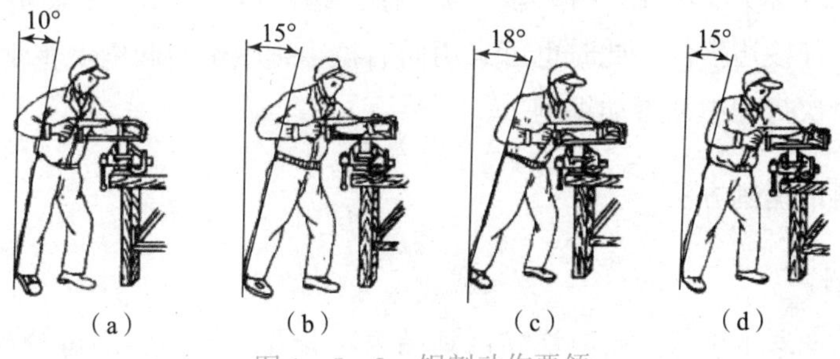

（a）　（b）　（c）　（d）

图 1－5－3　锯割动作要领

四、锯割注意事项

（1）锯条安装时力度适中，太松锯缝容易跑偏，太紧锯条容易折断。

（2）锯割时不可施加过大的压力，避免锯条崩断。锯条安装后，要保证锯条平面与锯弓中心平面平行，不得倾斜和扭曲，否则，锯割时锯缝极易歪斜。

（3）起锯方法。起锯是锯割工作的开始。起锯质量的好坏，直接影响锯割质量，如果起锯不正确，会使锯条跳出锯缝，将工件拉毛或者引起锯齿崩裂。起锯有远起锯和近起锯两种。起锯时，左手拇指靠住锯条，使锯条能正确地锯在所需要的位置上，行程要短，压力要小，速度要慢。起锯角 θ 在15°左右，如果起锯角太大，则起锯不易平稳，尤其是近起锯时锯齿会被工件棱边卡住引起崩裂。但起锯角也不宜太小，否则，由于锯齿与工件同时接触的齿数较多，不易切入材料，多次起锯往往容易发生偏离，使工件表面锯出许多锯痕，影响表面质量，具体操作如图1－5－4所示。

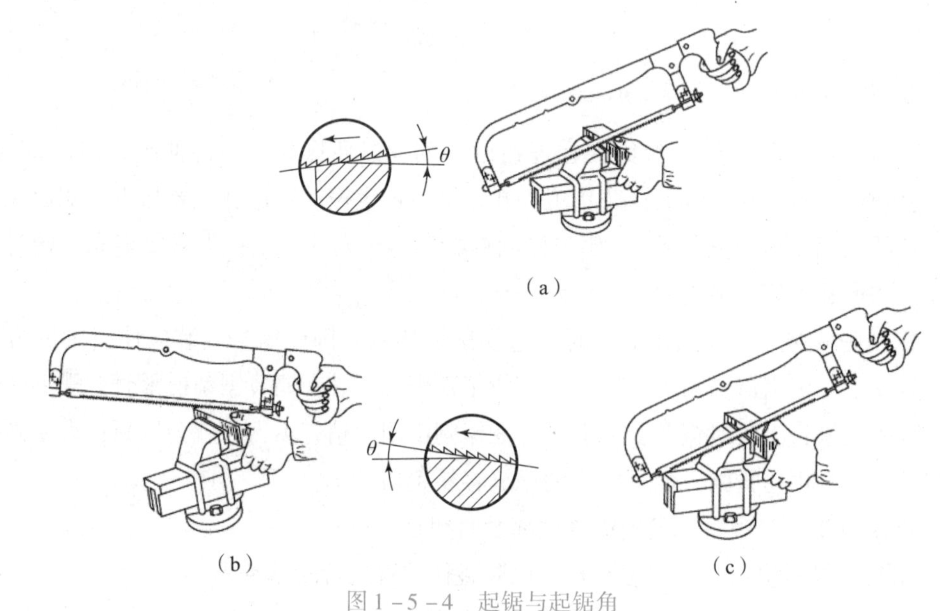

图1－5－4　起锯与起锯角

（a）远起锯与起锯角；（b）近起锯与起锯角；（c）起锯开始拇指导靠

（4）一般情况下采用远起锯（锯齿不易卡住，起锯也方便）。如果用近起锯且掌握不好，锯齿就会被工件棱边卡住，此时也可采用向后拉手锯做倒向起锯。正常锯割时应使锯条的全部有效齿在每次行程中都参加锯割。

五、各种材料的锯割方法

1. 棒料的锯割

如果锯割的断面要求平整，则应连续锯到结束。若要求不高，则可分为几个方向锯下，如图1－5－5所示。

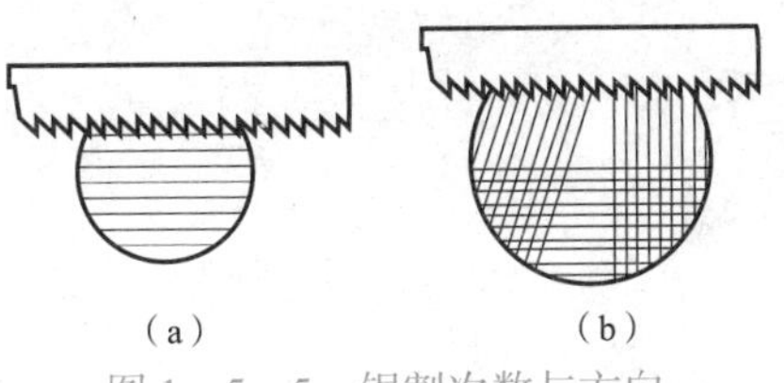

图 1-5-5　锯割次数与方向

(a) 一次锯割；(b) 分次锯割

2. 管子的锯割

锯割管子前，可划出垂直于轴线的锯割线，锯割时必须把管子夹正。薄管子和精加工过的管子，应夹在有 V 形槽的两木衬垫之间，如图 1-5-6 所示。锯割薄壁管子时不可在一个方向从开始连续锯割到结束。

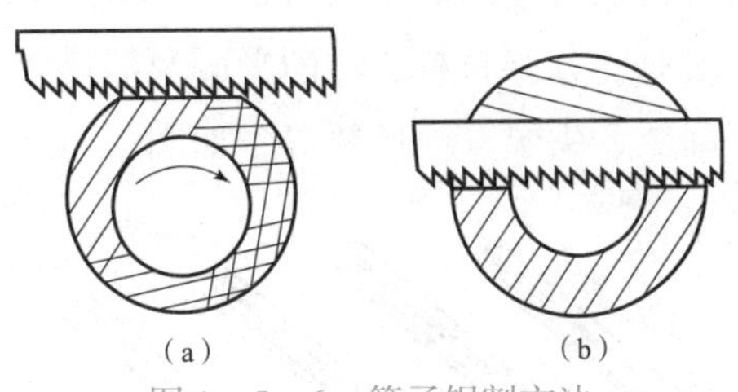

图 1-5-6　管子锯割方法

(a) 正确的方法；(b) 不正确的方法

3. 薄板料的锯割

锯割时尽可能从宽面上锯下去。当只能在板的狭面上锯下去时，可用两块木板夹持，连木板一起锯下，避免锯齿钩住，同时也增加了板料的刚度，使锯割时不会颤动。也可以把薄板料直接夹在虎钳上，用手锯做横向斜推锯，使锯齿与薄板接触的齿数增加，避免锯齿崩裂，如图 1-5-7 所示。

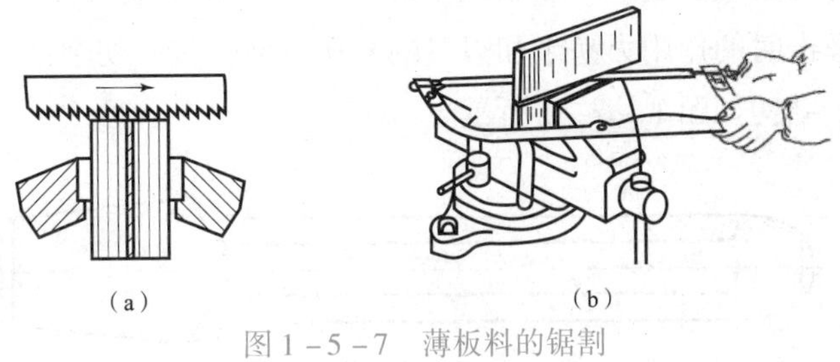

图 1-5-7　薄板料的锯割

(a) 木板夹持；(b) 横向斜锯割

4. 深缝锯割

当锯缝的深度超过锯弓的高度时应将锯条转过 90°重新安装，使锯弓转到工件的旁边，当锯弓横下来其高度不够时，也可将锯条安装成锯齿在锯内进行锯割，如图 1-5-8 所示。

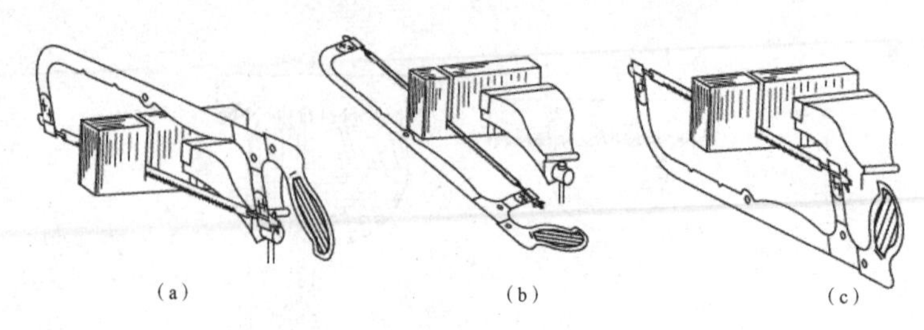

图1-5-8　深缝锯割

(a) 锯条正常安装；(b) 锯条旋转90°安装；(c) 锯齿朝向锯内安装

知识六　錾削的操作与规范

用锤子打击錾子对金属工件进行切削加工的方法，叫錾削（又称凿削）。它的工作范围主要是去除毛坯上的凸缘、毛刺、分割材料、錾削平面及油槽等，经常用在不便于机械加工的场合。钳工常用的錾子有扁錾、尖錾、油槽錾等，如图1-6-1所示。

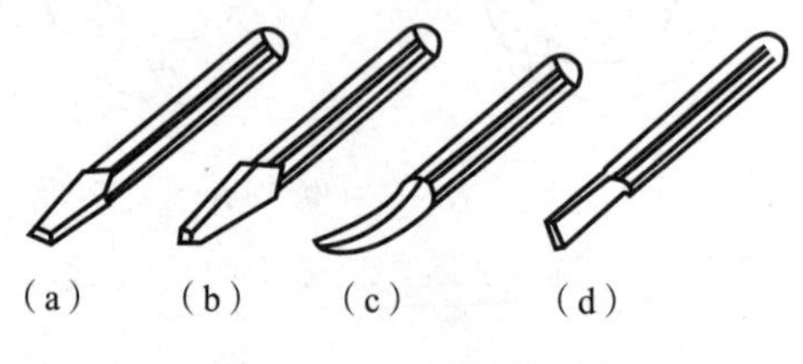

图1-6-1　常用錾子

一、錾削工具

錾子是由碳素工具钢锻造而成的，经热处理及刃磨后方可使用。錾子由切削刃、切削部分、斜面、柄和头部等组成。錾身一般制成八棱形，便于控制錾刃方向。头部制成圆锥形，顶部略带球面，使锤击时的作用力易于和刃口的錾切方向一致。切削部分由前刀面、后刀面和切削刃组成，錾子结构如图1-6-2所示。

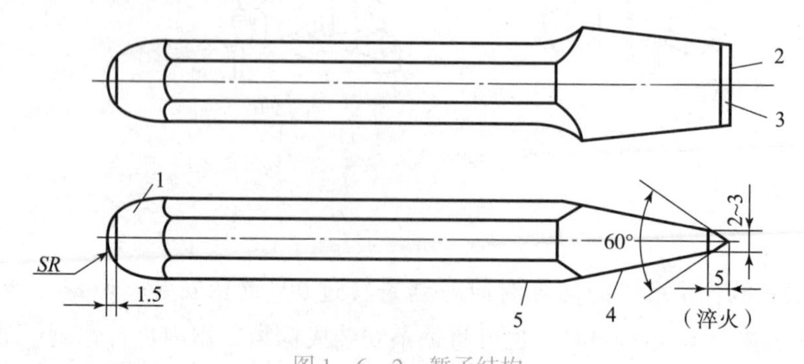

图1-6-2　錾子结构

1—头部；2—切削刃；3—切削部分；4—斜面；5—柄

二、錾削操作

1. 正握法

手心向下，腕部伸直，用中指、无名指握住錾子，小指自然合拢，食指和大拇指自然伸直地松靠，錾子头部伸出约 20 mm，如图 1－6－3（a）所示。

2. 反握法

手心向上，手指自然捏住錾子，手掌悬空，如图 1－6－3（b）所示。

(a)　(b)

图 1－6－3　錾子握法

（a）正握法；（b）反握法

3. 锤击速度

錾削时的锤击要稳、准、狠，其动作要一下一下有节奏地进行，一般在肘挥时约 40 次/min，腕挥时约 50 次/min，锤击要领如下：

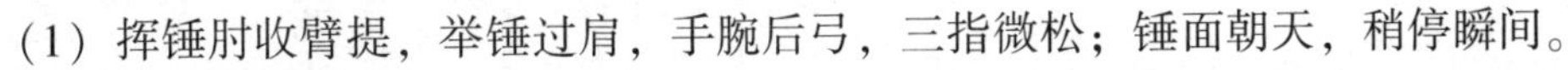
（1）挥锤肘收臂提，举锤过肩，手腕后弓，三指微松；锤面朝天，稍停瞬间。

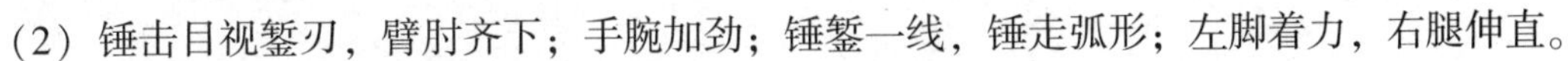
（2）锤击目视錾刃，臂肘齐下；手腕加劲；锤錾一线，锤走弧形；左脚着力，右腿伸直。

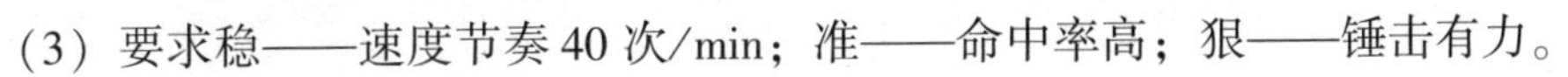
（3）要求稳——速度节奏 40 次/min；准——命中率高；狠——锤击有力。

三、板料錾切

錾切厚度在 2 mm 以下的板料，可装在虎钳上进行，如图 1－6－4（a）所示。錾切时，板料按划线与钳口平齐夹紧，用扁錾沿着钳口倾斜约 45°，对着板料自右至左錾切。

厚度在 4 mm 以下的较大型板材，可在铁砧上垫上软铁后錾切，如图 1－6－4（b）所示。此时，錾切用錾子的切削刃应磨有适当的弧形，使前后錾痕便于连接整齐，如图 1－6－4（c）～图 1－6－4（e）所示。

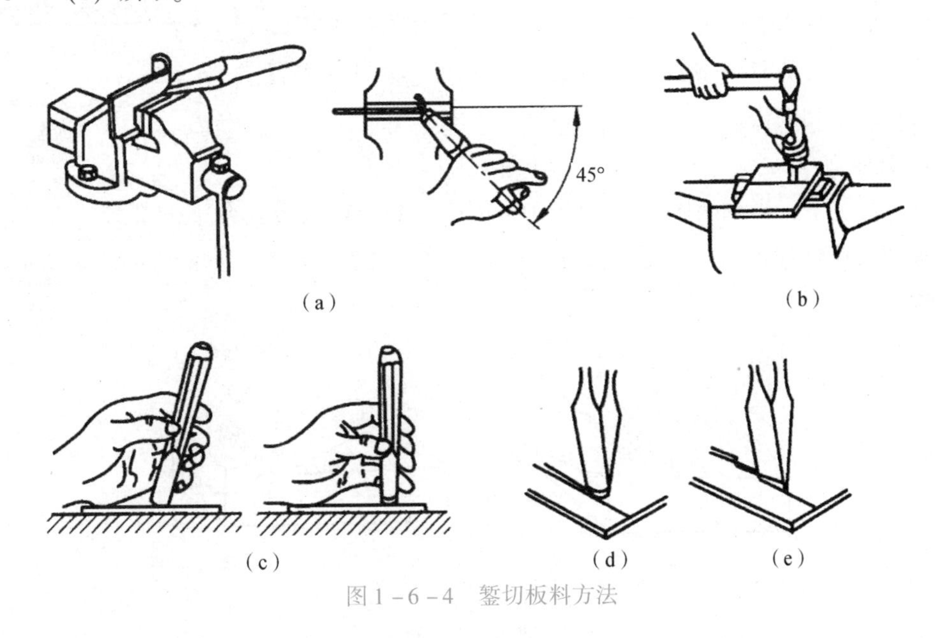

图 1－6－4　錾切板料方法

四、平面錾削

1. 起錾方法

起錾方法有斜角起錾和正面起錾两种，如图 1－6－5 所示。錾削平面时，应采用斜角起錾的方法，即先在工件的边缘尖角处，将錾子放成 $-\theta$ 角，錾出一个斜面，然后按正常的錾削角度逐步向中间錾削。在錾削槽时，则必须采用正面起錾，即起錾时全部刀刃贴住工件錾削部位的端面，錾出一个斜面，然后按正常角度錾削。

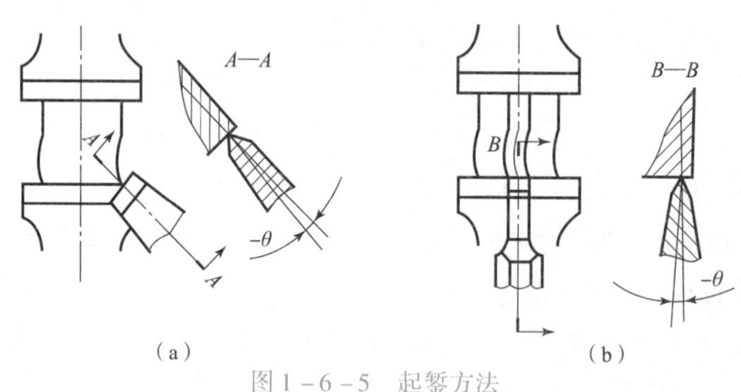

图 1－6－5　起錾方法

(a) 斜角起錾；(b) 正面起錾

2. 正常錾削

錾削时，左手握稳錾子，眼睛注视刀刃处，右手挥锤锤击。一般应使后角保持在 5°～8°不变。后角过大，錾子易向工件深处扎入；后角过小，錾子易从錾削部位滑出，如图 1－6－6 所示。錾削的切削深度，每次以选取 0.5～2 mm 为宜。如錾削余量大于 2 mm，可分几次錾削。一般每錾削两三次后，可将錾子退回一些，做一次短暂的停顿，然后再将刀刃顶住錾削处继续錾削。这样，既可随时观察錾削表面的平整情况，又可使手臂肌肉有节奏地得到放松。

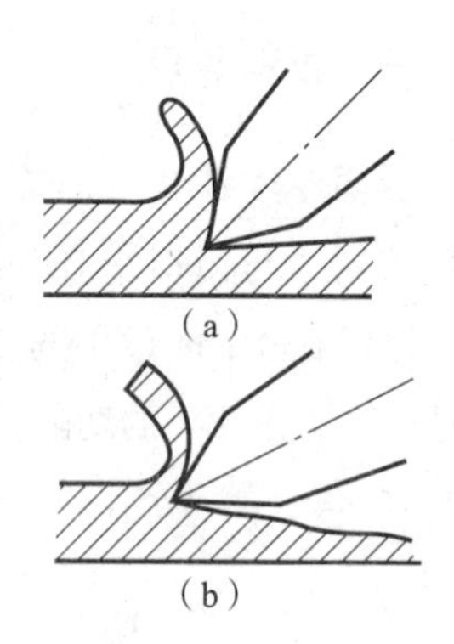

图 1－6－6　錾削后角影响

(a) 后角过大；(b) 后角过小

3. 尽头錾削

在一般情况下，当錾削接近尽头约 10 mm 时，必须调头錾去余下的部分。当錾削脆性材料（如錾削铸铁和青铜）时更应如此，否则，尽头处就会崩裂，如图 1－6－7 所示。

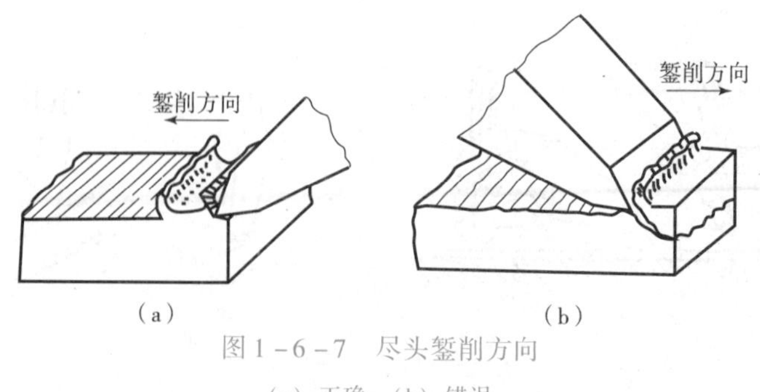

图 1－6－7　尽头錾削方向

(a) 正确；(b) 错误

4. 窄平面錾削

当用窄錾子錾削平面时，錾子的切削刃最好与錾削前进方向倾斜一个角度，而不是保持垂直位置，使切削刃与工件有较多的接触面，如图 1－6－8 所示。这样，錾子容易掌握稳当，否则錾子容易左右倾斜而使加工面高低不平。

5. 宽平面錾削

当錾削较宽平面时，由于切削面的宽度超过錾子的宽度，錾子切削部分的两侧被工件材料卡住，錾削十分费力，錾出的平面也不会平整。所以一般应先用狭錾间隔开槽，然后再用扁錾錾去剩余部分，如图 1－6－9 所示。

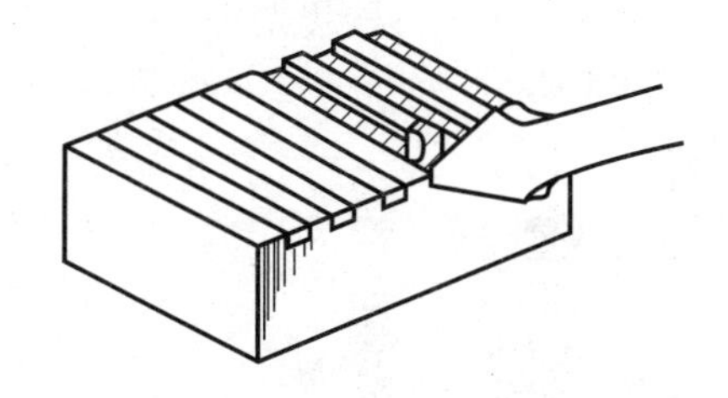

图 1－6－8 窄平面錾削

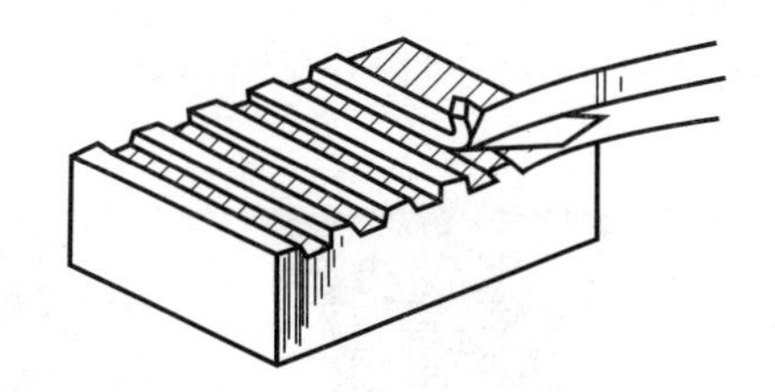

图 1－6－9 宽平面錾削

6. 錾削时安全文明生产

（1）防止锤头飞出。锤头和锤柄必须用楔子使其相互牢固连接。

（2）要及时磨掉錾子头部的毛刺，以防毛刺划手。

（3）錾削过程中，为防止切屑飞出伤人，操作者应戴上防护眼镜，工作地点周围应装有安全网。

（4）经常对錾子进行刃磨，保持正确的后角，錾削时防止錾子滑出工件表面。工件托架与砂轮的距离不能大于 3 mm，砂轮的夹紧面要足够大。

錾削安全防护如图 1－6－10 所示。

图 1－6－10 錾削安全防护

知识七　钻孔和铰孔的操作与规范

一、钻孔

用钻头在实体材料上加工孔叫钻孔。在钻床上钻孔时，一般情况下，钻头应同时完成两个运动：主运动，即钻头绕轴线的旋转运动（切削运动）；辅助运动，即钻头沿着轴线方向对着工件的直线运动（进给运动）。钻孔时，主要由于钻头结构上存在的缺点，影响加工质量，加工精度一般在 IT10 级以下，表面粗糙度为 *Ra*12.5 μm 左右，属粗加工。

有关钻床及钻头的相关介绍如图 1－7－1～图 1－7－4 所示。

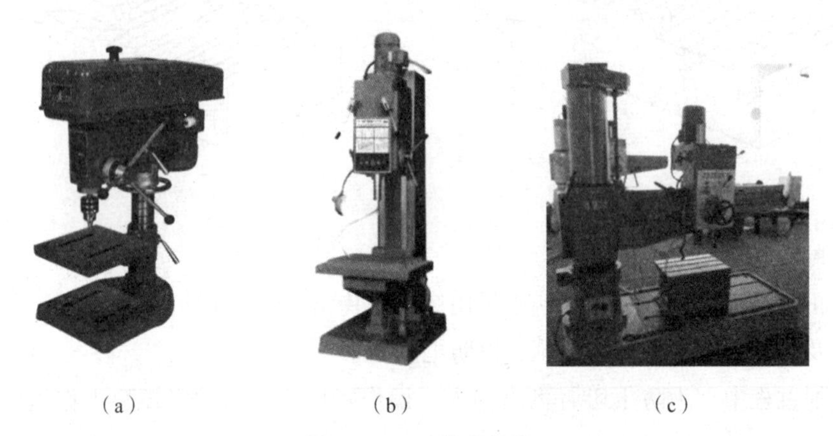

（a）　　（b）　　（c）

图 1－7－1　钻床种类

（a）台钻；（b）立钻；（c）摇臂钻

（a）　　（b）　　（c）　　（d）

图 1－7－2　钻床附件

（a）钻夹头；（b）快速换装钻夹头；（c）锥柄麻花钻；（d）直柄麻花钻

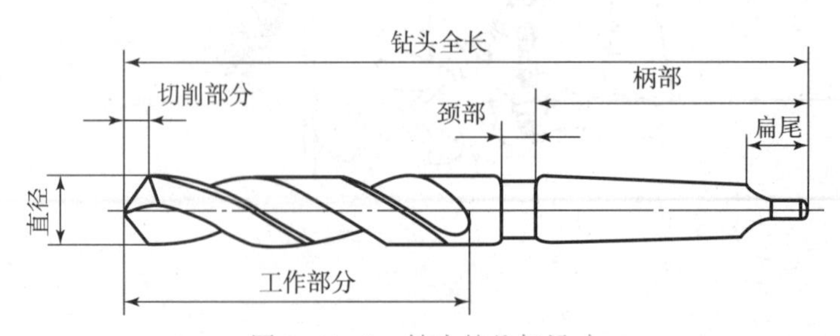

图 1－7－3　钻头的几何尺寸

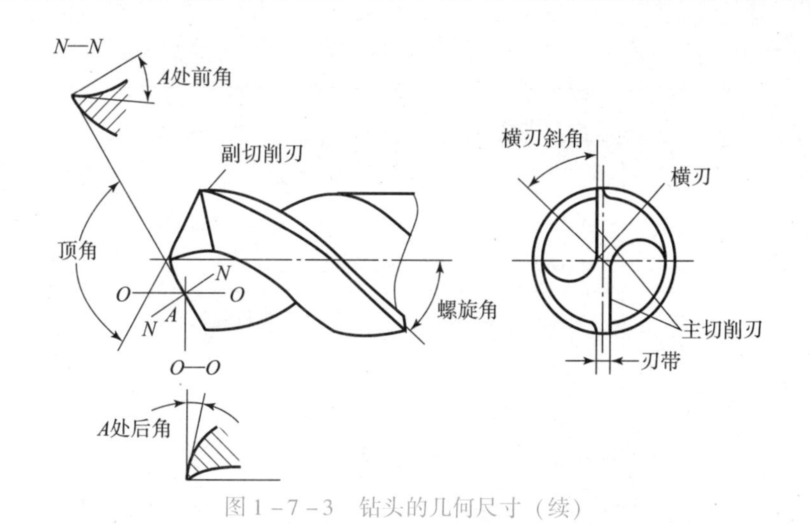

图 1-7-3 钻头的几何尺寸（续）

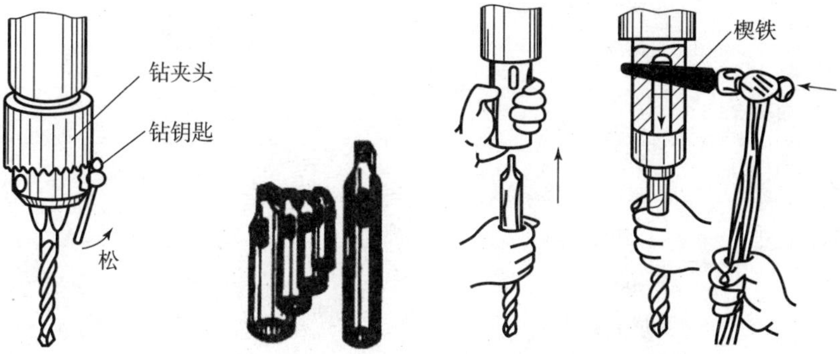

钻夹头
钻钥匙
松
楔铁
（a） （b） （c） （d）

图 1-7-4 钻头安装与拆卸

（a）用钻夹头装卸；（b）套管；（c）安装锥柄钻头；（d）拆卸锥柄钻头

1. 合理选择钻削用量

1）钻削用量

主运动：钻头或扩孔钻的旋转运动。

进给运动：钻头或扩孔钻的移动。

切削速度 v_C：$v_C=\frac{\pi dn}{1\ 000}$

式中 d——麻花钻的直径，mm；

n——麻花钻的转速，r/min。

进给量：f（mm/r）。

进给速度：$v_f=nf$。

钻削深度（背吃刀量）：$a_p=1/2d$。

钻孔示意图如图 1-7-5 所示。

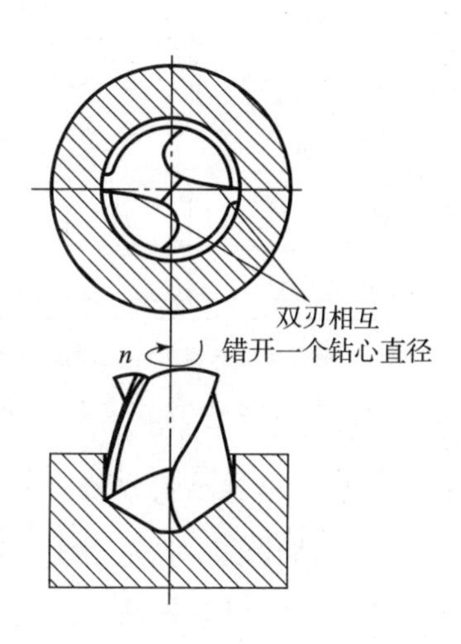

图 1-7-5 钻孔示意图

2）钻削参数选择

高速钢麻花钻（HSS）切削参数如表 1-7-1 所示。

表 1-7-1 高速钢麻花钻（HSS）切削参数

高速钢麻花钻（HSS）			
类型	应　　用	螺旋角	顶角
N	广泛应用于 $R_m \approx 1\ 000\ \mathrm{N/mm^2}$ 的各种材料，如结构钢、表面淬火钢、淬硬钢及回火钢	30°~40°	118°
H	脆性材料、短切屑、有色金属及塑料的钻孔，如铜锌合金及胶质玻璃	13°~19°	118°
W	塑性材料、长切屑、有色金属及塑料的钻孔，如铝镁合金、PA（尼龙）及 PVC 材料	40°~47°	130°

（1）对于 HSS 刀具应用组别依照 DIN1853 而定；

（2）取决于钻头直径和螺距；

（3）标准形式

HSS 钻头钻孔的标准值①

工件材料		切削速度②	钻孔直径 d/mm				
材料组别	抗拉强度 R_m/（$\mathrm{N \cdot mm^{-2}}$）或硬度 HB	v_C/（$\mathrm{m \cdot min^{-1}}$）	2~3	3~6	6~12	12~25	25
			进给量 f/（$\mathrm{mm \cdot r^{-1}}$）				
低强度钢	$R_m \leqslant 800$	40	0.05	0.10	0.15	0.25	0.35
高强度钢	$R_m \leqslant 800$	20	0.04	0.08	0.10	0.15	0.20
不锈钢	$R_m \leqslant 800$	12	0.03	0.06	0.08	0.12	0.18
铸铁、可锻铸铁	≤250 HB	20	0.10	0.20	0.30	0.40	0.60
铝合金	$R_m \leqslant 800$	45	0.10	0.20	0.30	0.40	0.60
铜合金	$R_m \leqslant 800$	60	0.10	0.15	0.30	0.40	0.60
热塑性塑料	—	50	0.10	0.15	0.30	0.40	0.60
热固性塑料	—	25	0.05	0.10	0.18	0.27	0.35

注：①根据机床转速表，选择接近理论数据的实际转速。

②没有带涂层的钻头以及不具备冷却润滑条件的，相关参数建议取其 1/2 计算。

2. 钻孔操作工艺步骤

（1）钻孔前一般先划线，确定孔的中心，在孔中心先用冲头打出较大的中心眼。

（2）钻孔时应先钻一个浅坑，以判断是否对中。

（3）在钻削过程中，特别是钻深孔时，要经常退出钻头以排出切屑和进行冷却，否则可能使切屑堵塞或钻头过热磨损甚至折断，从而影响加工质量。

（4）钻通孔且当孔将被钻透时，进刀量要减小，避免钻头在钻穿时的瞬间钻透，出现“啃刀”现象，影响加工质量，损伤钻头，甚至发生事故。

（5）钻削大于 $\phi 30$ mm 的孔应分两次钻，第一次先钻第一个直径较小的孔（为加工孔径的0.5~0.7），第二次用钻头将孔扩大到所要求的直径。

（6）钻削时的冷却润滑：钻削钢件时常用机油或乳化液，钻削铝件时常用乳化液或煤油，钻削铸铁时则用煤油。

3. 钻床安全操作规程

（1）操作前要穿紧身防护服，袖口扣紧，上衣下摆不能敞开，严禁戴手套，不得在开动的机床旁穿、脱换衣服，或围布于身上，防止机器绞伤。女生必须戴好安全帽，辫子应放入帽内，不得穿裙子、拖鞋。

（2）开机前应检查机床转动是否正常，工具、电气、安全防护装置、冷却液挡板是否完好，钻床上保险块、挡块不准拆除，并按加工情况调整使用。

（3）摇臂钻床在校夹或校正工件时，摇臂必须移离工件并升高，刹好车校正结束，必须用压板压紧或夹住工件，以免回转甩出伤人。

（4）钻床床面上不要放其他东西，换钻头、夹具及装卸工件时必须停车进行。带有毛刺和不清洁的锥柄，不允许装入主轴锥孔，装卸钻头要用楔铁，严禁用手锤敲打。

（5）钻小的工件时，要用虎钳夹紧后再钻。严禁用手去停住转动着的钻头。

（6）薄板、大型或长形的工件竖着钻孔时，必须压牢，严禁用手扶着加工，工件钻通孔快钻透时减小进给压力，防止扭断钻头或者工件转动造成事故。

（7）操作机床时严禁戴手套，清除铁屑要用刷子，禁止用嘴吹。

（8）钻床及摇臂转动范围内，不准堆放物品，应保持清洁。

（9）工作完毕后，应切断电源，卸下钻头，主轴箱必须靠近立柱端，将横臂下降到立柱的下半部并刹好车，以防止发生意外。同时清理工具，做好机床保养工作。

二、铰孔

用铰刀从工件孔壁上切除微量金属层，以提高孔的尺寸精度和降低表面粗糙度的方法称为铰孔。铰孔精度可达IT9~IT7级，表面粗糙度达 Ra 0.8 μm，属于孔的精加工。

铰刀按刀体结构可分为整体式铰刀、焊接式铰刀、镶齿式铰刀和装配可调式铰刀；按外形可分为圆柱铰刀和圆锥铰刀；按加工手段可分为机用铰刀和手用铰刀。

（1）整体圆柱铰刀：主要用来铰削标准系列的孔。它由工作部分、颈部和柄部三个部分组成，其结构如图1-7-6所示。

（2）圆锥铰刀：用来铰削圆锥孔，其结构如图1-7-7所示。

圆锥铰刀按锥度又可分为1∶10锥度铰刀、1∶30锥度铰刀、1∶50锥度铰刀和锥度近似于1∶20的莫氏锥度铰刀。

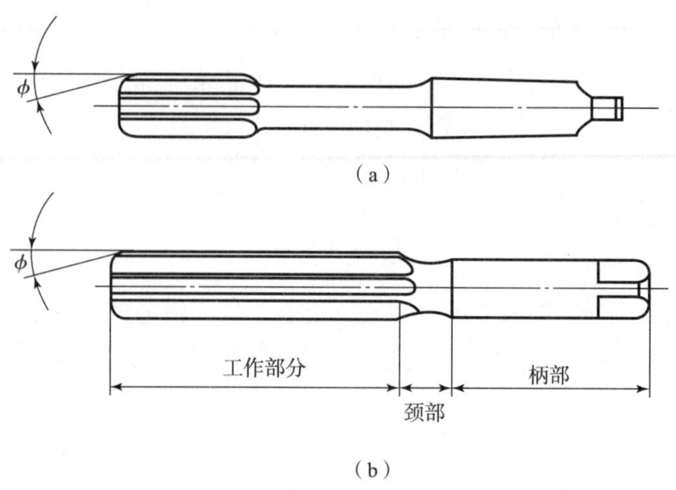

图 1-7-6 整体圆柱铰刀的结构

(a) 机用铰刀；(b) 手用铰刀

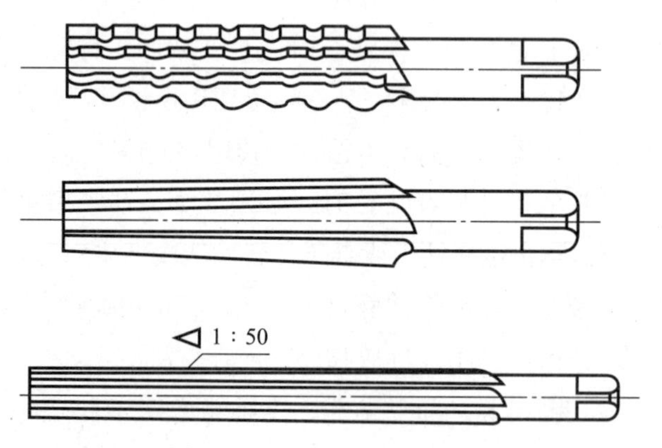

图 1-7-7 圆锥铰刀的结构

尺寸较小的圆锥孔，铰孔前可按小端直径钻出圆柱底孔，再用圆锥铰刀铰削即可。尺寸和深度较大或锥度较大的圆锥孔，铰孔前的底孔应钻成阶梯孔。

（一）手工铰孔

手工铰刀如图 1-7-8 所示。

手工铰孔，铰刀受加工孔的引导，在手的扳动下进行断续铰削。由于通过人手直接扳动铰刀，处于自由状态，稍有不慎，铰刀就会左右摇摆，将孔口扩大。同时，铰刀尚需做周期性的停歇，影响加工孔的表面粗糙度。因此，必须严格遵守手工铰孔工艺规程，从而保证手工铰孔的质量。

图 1-7-8 手工铰刀

（1）工件装夹要正，使操作者在铰孔时，对铰刀的垂直方向有一个正确的视觉和标志。

（2）铰刀的中心要与孔的中心尽量保持重合，不得歪斜，特别是铰削浅孔时。

（3）在手铰过程中，两手用力要平衡，旋转铰杠的速度要均匀，铰刀不得摇摆，以保持铰削稳定性。

（4）铰削进刀时，不要猛力压铰杠，要随着铰刀的旋转轻轻加压于铰杠，使铰刀缓慢地引入孔内并均匀地进给，以保持良好的内孔表面粗糙度。

（5）在铰削过程中，铰刀被卡住时，不要猛力扳动旋转铰杠，以防止铰刀折断，而是应该将铰刀取出，清除切屑，检查铰刀是否崩刃。如果有轻微磨损或崩刃，可进行研磨，再涂上润滑油继续进行铰削加工。

（6）注意变换铰刀每次停歇的位置，以消除铰刀常在同一处停歇所造成的振痕。

（7）铰刀退出时不能反转。因为铰刀有后角，反转会使切屑塞在铰刀齿后面和孔壁之间将孔壁划伤，同时铰刀也容易磨损。

（8）工件孔处于水平位置铰削时，应用手轻轻托住铰杠，使铰刀中心与孔中心保持重合。当工件结构限制铰杠做整圆周旋转时，一般是用扳手扳转铰刀，每扳转一次使其做少量的旋转。

（9）当一个孔快铰完时，不能让铰刀的校准部分全部出头，以免将孔的下端划伤。另外，当受到工件装夹或工件结构的限制时，不允许从孔的下面取出铰刀。

（二）机械铰孔

机用铰刀如图 1－7－9 所示。

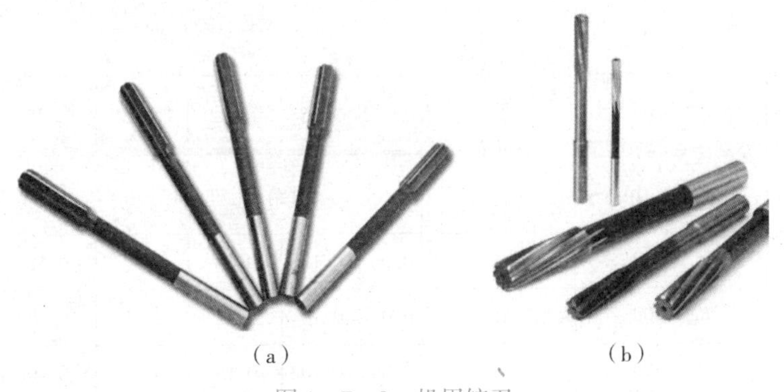

（a）　　（b）

图 1－7－9　机用铰刀

想提高铰孔加工质量就要正确编制加工工艺，合理选择切削用量，对铰孔产生的质量问题进行正确分析、加以控制。

1. 铰孔工艺

1）提高预加工工序质量

提高预加工孔精度是保证铰孔质量的前提，必须保证底孔不出现弯曲、锥度、椭圆、轴线歪斜、表面粗糙等缺陷。

2）合理编排工艺过程

对于精度为 H7～H8、*Ra*1.6～0.8 μm、$D>20$ mm 的孔，其铰孔加工工艺一般为钻孔→

扩孔→（镗孔）→粗铰→精铰。其中，镗孔是在条件具备的情况下进行的，可以提高孔的直线度，降低表面粗糙度值。

2. 合理选择铰削参数

1）铰削余量

铰削余量过大，加工时铰刀易折断；铰削余量过小，则不能完全去除上道工序留下的加工痕迹，影响孔的尺寸精度和表面粗糙度。根据加工经验，在钻床上铰削时（铰削余量/铰孔直径）分别取 0.1 mm/3～4mm、0.2 mm/5～10 mm、1 mm/12～16 mm 和 2 mm/18～30 mm。

2）铰削速度

铰削速度过高或过低均易产生卷屑，影响加工表面粗糙度。考虑到刀具的寿命、加工孔的质量，铰孔时根据工件材料选择 $v_C = 5 \sim 26$ m/min。

3）进给量

进给量会使工件孔产生表面硬化和粗糙，应加以控制。根据工件材料的不同，在钻床上铰孔时，依据工件材料及孔径不同，$f = 0.05 \sim 1.0$ mm/r。

4）铰孔加工

HSS 铰刀铰孔标准值如表 1－7－2 所示。

表 1－7－2　HSS 铰刀铰孔标准值[1]

工件材料		切削速度 v_C/（$m \cdot min^{-1}$）	钻孔直径 d/mm					相对 d/mm 的铰削余量	
材料组别	抗拉强度 R_m/（$N \cdot mm^{-2}$）或硬度 HB		2～3	3～6	6～12	12～25	＞25	≤20	＞20
			进给量 f（$mm \cdot r^{-1}$）						
低强度钢	$R_m \leq 800$	15	0.06	0.12	0.18	0.32	0.50	0.20	0.30
高强度钢	$R_m \leq 800$	10	0.05	0.10	0.15	0.25	0.40		
不锈钢	$R_m \leq 800$	8	0.05	0.10	0.15	0.25	0.40		
铸铁、可锻铸铁	≤250 HB	15	0.06	0.12	0.18	0.32	0.50		
铝合金	$R_m \leq 800$	26	0.10	0.18	0.30	0.50	0.80		
铜合金	$R_m \leq 800$	26	0.10	0.18	0.30	0.50	0.80	0.30	0.60
热塑性塑料	—	14	0.12	0.20	0.35	0.60	1.00		
热固性塑料	—	14	0.12	0.20	0.35	0.60	1.00		

注：①冷却润滑液。

5）钻孔与铰孔切削用量的选择案例（表 1－7－3）

表 1-7-3 钻孔与铰孔切削用量的选择案例

工作任务要求： 在长方体工件上铰 ϕ8H8 mm 的孔，孔深度 24 mm，工艺要求：先钻孔 ϕ7.8 mm，再铰孔 ϕ8H8 mm。 已知条件：（1）钻头材料 HSS（带涂层），铰刀材料 HSS； （2）工件材料低强度钢（Q235）； （3）设备选用 Z5030A 立钻，具备冷却润滑条件。 请选择：两加工工序中的转速 n，切削速度 v_f	
钻头切削速度 v_C = 40 m/min；钻孔进给量 f = 0.15 mm/r 铰刀切削速度 v_C = 15 m/min；铰孔进给量 f = 0.18 mm/r	根据已知条件查表或经验数值
钻头转速 $n = v_C/(\pi \cdot d) = 40\ 000/(3.14 \times 7.8) \approx 1\ 633$（r/min）； 钻头进给速度 $v_f = f \cdot n = 0.15 \times 1\ 633 \approx 245$（mm/min）（自动进给） 铰刀转速 $n = v_C/(\pi \cdot d) = 15\ 000/(3.14 \times 8) \approx 597$（r/min）； 铰刀进给速度 $v_f = f \cdot n = 0.18 \times 597 = 107$（mm/min）（自动进给）	依据切削原理进行计算
依据上述 n = 1 633 r/min，调整钻床的转速为铭牌中的转速，进行钻削加工；换铰刀，依 n = 597 r/min，调整钻床的转速为铭牌中的转速，进行铰削加工	依据计算的转速 n 数值，调整为钻床铭牌中的转速，进行零件加工
上述是理论计算结果，具体的切削参数的选择还需要依据实际加工中刀具材料、工件材料、机床刚度、工人的操作水平适当进行微调。 （1）根据机床转速表，选择接近理论数据的实际转速。 （2）没有带涂层的钻头以及不具备冷却润滑条件的，相关参数建议取其1/2计算	注意事项

3. 铰孔存在的质量问题、产生原因及控制方法

1）孔径增大

产生原因：

（1）铰刀外径尺寸偏大。

（2）铰削速度过高。

（3）进给量不当或加工余量过大。

（4）铰刀主偏角过大。

（5）铰刀弯曲。

（6）铰刀刃口黏附着切屑瘤。

（7）铰刀刃口摆差超差。

（8）切削液选择不合适。

（9）安装铰刀时锥柄表面未擦净。

（10）主轴轴承过松或损坏，铰刀在加工中晃动。

（11）铰孔时余量偏心，与工件不同轴。

控制方法：

（1）选择适当的铰刀外径。

(2) 降低铰削速度。

(3) 适当调整进给量或减少加工余量。

(4) 适当减小主偏角。

(5) 更换铰刀。

(6) 刃口用油石修整或进行表面硬化处理。

(7) 控制摆差在允许的范围内。

(8) 选择冷却性能好的切削液。

(9) 安装前将刀柄及主轴锥孔内部油污擦净。

(10) 调整或更换主轴轴承。

(11) 调整同轴度。

2) 孔径缩小

产生原因:

(1) 铰刀外径尺寸偏小。

(2) 铰削速度过低。

(3) 进给量过大。

(4) 铰刀主偏角过小。

(5) 切削液选择不合适。

(6) 铰刀磨损部分未磨掉，弹性恢复使孔径缩小。

(7) 铰削余量太大或铰刀不锋利，产生弹性恢复，使孔径缩小。

(8) 内孔不圆，孔径不合格。

控制方法:

(1) 选择适当的铰刀外径。

(2) 适当提高铰削速度。

(3) 适当降低进给量。

(4) 适当增大主偏角。

(5) 选择润滑性能好的油性切削液。

(6) 定期更换铰刀。

(7) 选取适当的铰削余量和刀具切削角度。

(8) 提高孔加工与刀具刃磨的质量。

3) 铰出的内孔不圆

产生原因:

(1) 内孔表面有交叉孔，铰刀过长，刚性不足，铰削时产生振动。

(2) 铰刀主偏角过小。

(3) 铰刀刃带窄。

(4) 铰孔余量偏心。

（5）薄壁工件装夹过紧，工件变形。

控制方法：

（1）采用不等分齿距的铰刀和较长、较精密的导向套；铰刀的安装采用刚性连接。

（2）增大主偏角。

（3）选用合格铰刀。

（4）控制底孔位置公差。

（5）采用恰当的夹紧方法，减小夹紧力。

4）孔内表面有明显棱面

产生原因：

（1）铰孔余量过大。

（2）铰刀切削部分后角过大。

（3）铰刀刃带过宽。

（4）主轴摆差过大。

控制方法：

（1）减小铰孔余量。

（2）减小切削部分后角。

（3）修磨刃带宽度。

（4）调整机床主轴。

5）内孔表面粗糙度值高

产生原因：

（1）铰削速度过高。

（2）切削液选择不合适，未能顺利流到切削处。

（3）铰刀主偏角过大且刃口不在同一圆周上。

（4）铰孔余量太大。

（5）铰孔余量不均匀或太小，局部表面未铰到。

（6）铰刀切削部分刃口不锋利，表面粗糙。

（7）铰刀刃带过宽。

（8）铰孔时排屑不畅。

（9）铰刀过度磨损。

（10）刃口有毛刺、积屑瘤。

控制方法：

（1）降低切削速度。

（2）正确选择切削液，经常清除切屑，用足够压力浇注切削液。

（3）适当减小主偏角，正确刃磨铰刀刃口。

（4）适当减小铰孔余量。

(5) 提高底孔位置精度或增加铰孔余量。

(6) 经过精磨或研磨达到要求。

(7) 修磨刃带宽度。

(8) 减少铰刀齿数，加大容屑槽空间。

(9) 定期更换铰刀。

(10) 用油石修整刃口。

6) 铰刀刀齿崩刃

产生原因：

(1) 铰孔余量过大。

(2) 工件材料硬度过高。

(3) 切削刃摆差过大，切削负荷不均匀。

(4) 铰刀主偏角太小。

(5) 铰深孔或盲孔时，切屑未及时清除。

(6) 刃磨时刀齿已磨裂。

控制方法：

(1) 修整底孔的孔径尺寸。

(2) 降低材料硬度或采用硬质合金铰刀。

(3) 控制摆差在合格范围内。

(4) 加大主偏角。

(5) 及时清除切屑。

(6) 注意刃磨质量。

7) 铰刀柄部折断

产生原因：

(1) 铰孔余量过大。

(2) 铰削余量分配及切削用量选择不合适。

(3) 铰刀刀齿容屑空间小，切屑堵塞。

控制方法：

(1) 修整底孔的孔径尺寸。

(2) 修改余量分配，合理选择切削用量。

(3) 减少铰刀齿数，加大容屑空间。

三、锪孔

用锪钻（或改制的钻头）将孔口表面加工成一定形状的孔和平面，称为锪孔。锪钻分为柱形锪钻、锥形锪钻和端面锪钻三种，如图 1－7－10 所示。

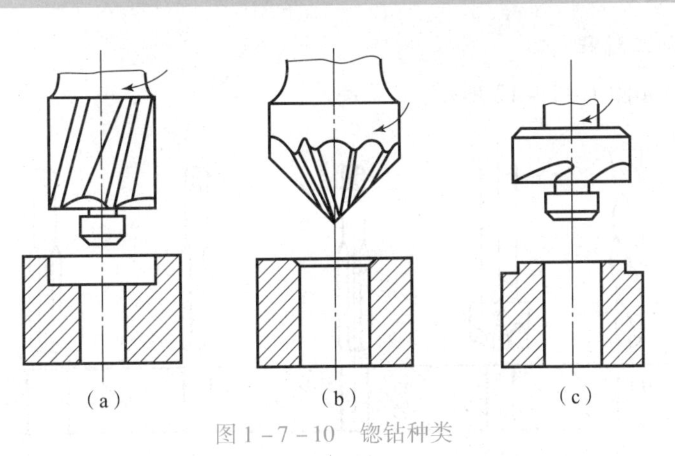

图 1-7-10 锪钻种类

(a) 柱形锪钻；(b) 锥形锪钻；(c) 端面锪钻

1. 柱形锪钻

柱形锪钻是用来锪圆柱形沉头孔的锪钻。按端部结构分为带导柱、不带导柱和带可换导柱三种。导柱与工件原有孔配合起定心导向作用。端面刀刃为主刀刃，起主要切削作用；外圆上的刀刃为副刀刃，起修光孔壁作用。

2. 锥形锪钻

锥形锪钻是用来锪锥形沉头孔的锪钻。按切削部分锥角分为 60°、75°、90°、120°四种。刀齿齿数为 4 ~ 12 个，钻尖处每隔一齿将刀刃切去一块，以增大容屑空间。

3. 端面锪钻

端面锪钻是用来锪平孔端面的锪钻，有多齿形端面锪钻和片形端面锪钻。其端面刀齿为切削刃，前端导柱用来定心和导向，以保证加工后的端面与孔中心线垂直。

4. 锪孔注意事项

锪孔方法与钻孔方法基本相同，但锪孔时刀具容易振动，特别是使用麻花钻改制的锪钻，易在所锪端面或锥面产生振痕，影响锪孔质量，因此锪孔时应注意以下几点：

(1) 由于锪孔的切削面积小，锪钻的切削刃多，所以进给量为钻孔的 2 ~ 3 倍，切削速度为钻孔的 1/2 ~ 1/3。精锪时，可采用钻床停车惯性来锪孔。

(2) 用麻花钻改制锪钻时，后角和外缘处前角适当减小，以防扎刀。两切削刃要对称，以保持切削平稳。尽量选用较短钻头改制，减少振动。

(3) 锪钻的刀杆和刀片装夹要牢固，工件夹持稳定。

(4) 钢件锪孔时，可加机油润滑。

四、攻丝

内螺纹可用手工或机床操作丝锥进行加工，如图 1-7-11 所示。丝锥是日常内螺纹加工中最普遍的加工工具，丝锥又被称为丝攻、牙攻，丝锥加工内螺纹也被称为攻丝。

图 1-7-11 攻丝

1. 内螺纹的加工过程

攻内螺纹步骤如图 1－7－12 所示。

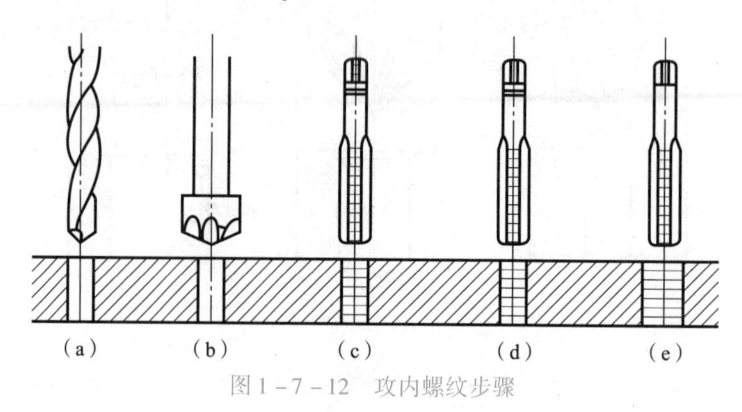

图 1－7－12　攻内螺纹步骤

(a) 钻底孔；(b) 倒角；(c) 用一锥攻；(d) 用二锥攻；(e) 用三锥攻

1）攻内螺纹的步骤

内螺纹的加工要经过三个工艺过程，首先要钻底孔，其次是倒角，以便于加工螺纹；最后是攻丝。

2）切削丝锥的构成

切削丝锥各部分如图 1－7－13 所示，根据切削部分斜角的大小，区分一锥、二锥、三锥，丝锥的前两圈至第八圈称为切削螺纹。丝锥的校正部分（也称导向部分）引导丝锥进入已成形螺纹线。切削时，丝锥略微向内挤压比它更软的工件材料，从而使孔变得更小。

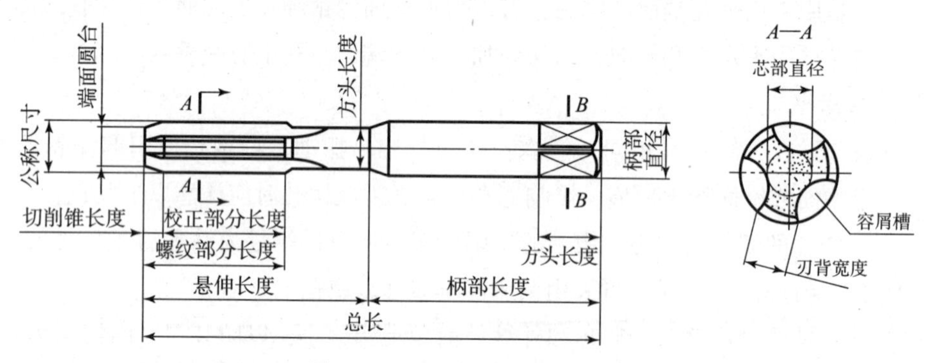

图 1－7－13　切削丝锥各部分

3）内螺纹加工良好表面质量获得

用一把 90°的锪孔刀具对底孔进行倒角后，丝锥更容易切入，靠外边的螺纹也不会被挤出。对于需要在底孔内切削的螺纹而言，底孔的钻孔深度要大于可使用螺纹的长度，因为攻丝不可能一直攻到底孔底部。

为了获得良好的表面质量，需对各种不同工件材料选用合适的冷却润滑剂（如切削油用于钢，乳浊液用于灰口铸铁和铜，压缩空气用于镁合金和塑料，等等）。

2. 手工攻丝

丝锥轴线必须准确对准底孔。若是长屑的工件材料和较大的螺纹，应通过短暂的回旋丝锥并不断重复这个动作来切断切屑，如图 1－7－14 所示，此时应有新的冷却润滑剂润滑切削刃。

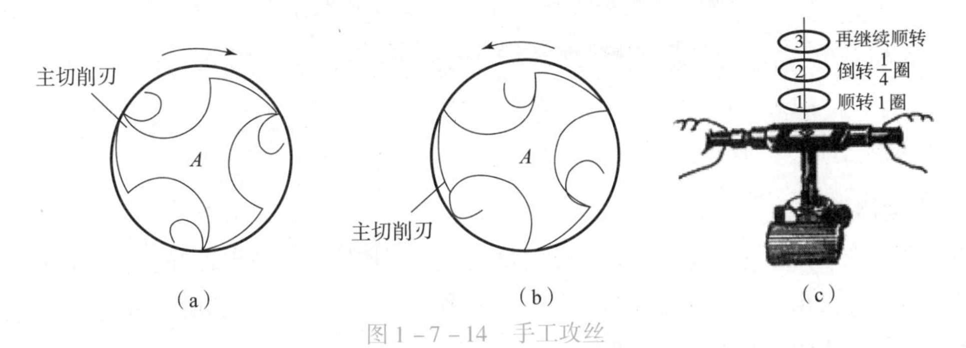

图 1－7－14 手工攻丝

(a) 顺转攻；(b) 倒转切断切屑；(c) 攻丝操作三步

3. 机器攻丝

机器攻丝时使用固定夹紧的丝锥、螺纹切削头或纵向平衡丝锥卡盘，如图 1－7－15 所示。使用固定夹紧丝锥时，主轴转动和轴向进给运动必须同步进行，这样才能加工出均匀的高质量螺纹。螺纹切削头在整个切削过程中以恒定转速运行，通过换向变速器可使丝锥的旋转方向变成反向旋转。若丝锥使用纵向平衡丝锥卡盘，在切削过程开始时，纵向平衡卡盘即已产生一个轴向力，该轴向力导致丝锥切入螺纹。切入后，平衡卡盘降低进给量，这时丝锥自己进入底孔。

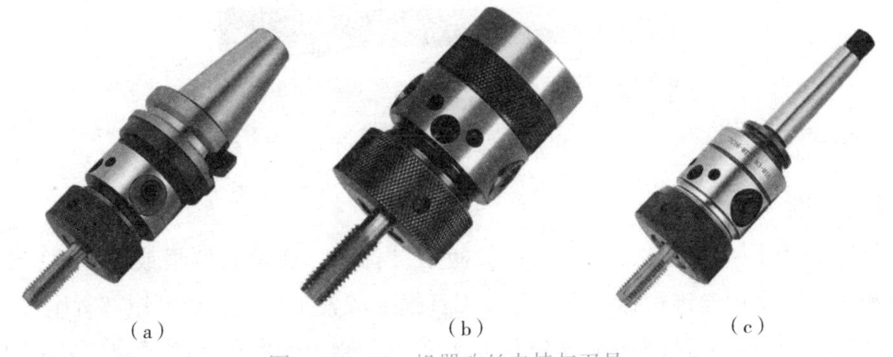

图 1－7－15 机器攻丝夹持与刀具

4. 丝锥的分类

根据形状不同，丝锥可分为直槽丝锥、螺旋槽丝锥和螺尖丝锥；按驱动不同，丝锥可分为手用丝锥和机用丝锥；按加工方式不同，丝锥可分为切削丝锥和挤压丝锥；按表面处理方式不同，丝锥可分为涂层丝锥和不涂层丝锥；按被加工螺纹不同，丝锥可分为公制粗牙丝锥、公制细牙丝锥、管螺纹丝锥等。

1）直槽丝锥

直槽丝锥（图 1－7－16），通用性最强，切削锥部分可以有 2 牙、4 牙、6 牙，短锥用于盲孔，长锥用于通孔。只要底孔足够深，就应尽量选用切削锥长一些的，这样分担切削负荷的齿多一些，使用寿命也长一些。

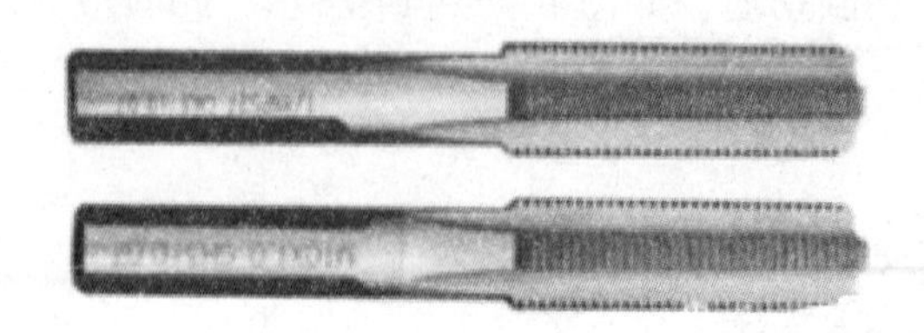

图 1-7-16　直槽丝锥

2）螺旋槽丝锥

螺旋槽丝锥（图 1-7-17），在盲孔内攻牙，切削连续排屑效果良好。因为右螺旋槽切屑可从孔内向外排出，切削速度可较直槽丝锥加快 30%～50%，盲孔的高速攻牙效果良好，但对铸铁等切削成细碎状的材料效果差。

图 1-7-17　螺旋槽丝锥

3）螺尖丝锥

螺尖丝锥（图 1-7-18），也称先端丝锥，适合通孔及深螺纹，使用强度高，寿命长，切削速度快，尺寸稳定，牙纹清晰（特别是细牙），它是直槽丝锥的一种变形，在直槽的一侧切削刃开斜槽，形成一个角度，切屑顺着进刀的方向向前排出。

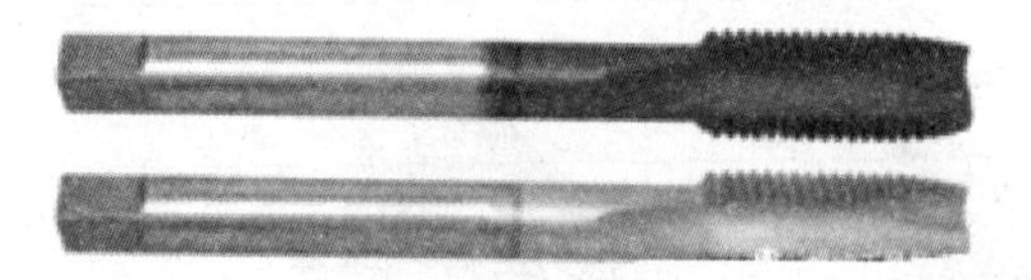

图 1-7-18　螺尖丝锥

4）手用丝锥

手用丝锥（图 1-7-19），直沟形一般使用最普遍，通常有两根或者三根，分别叫一锥、二锥和三锥。手用丝锥材料一般是合金工具钢或碳素工具钢，而且尾部有尾方。一锥的切削部分磨锥 6 个刃，二锥的切削部分磨锥 2 个刃。使用的时候一般通过专用扳手进行切削。

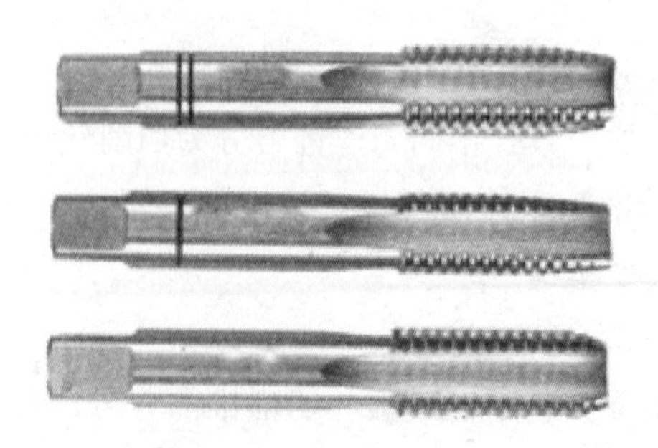

图 1-7-19　手用丝锥

5）机用丝锥

机用丝锥（图 1－7－20），应用最为广泛，成本较低，但是排屑和切削性能较差，适用于精度要求不高的场合。

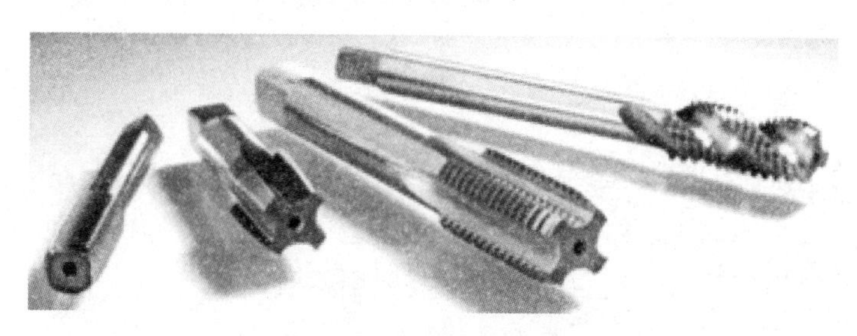

图 1－7－20 机用丝锥

6）挤压丝锥

挤压丝锥（图 1－7－21），通过冷挤压变形来形成螺纹，因而不产生切屑，螺纹表面质量较高，速度快，丝锥的寿命长，但是脆性材料不适合使用挤压方式。

挤压丝锥底孔要求较高：过大，基础金属量少，造成内螺纹小径过大，强度不够。过小，封闭挤压的金属无处可去，造成丝锥折断。计算式为

底孔直径＝内螺纹公称直径－0.5 螺距

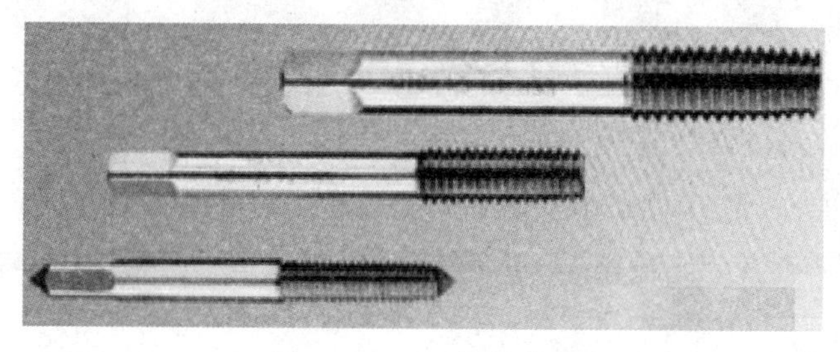

图 1－7－21 挤压丝锥

7）管用丝锥

管用丝锥（图 1－7－22），有机械结合为主的直管螺纹用丝锥及耐磨用为主的锥管螺纹用丝锥两种。有管用斜行牙丝锥 PT（Rc）及直行牙丝锥 PS（Rp）。另外，还有美式管用螺纹丝锥 NPT、NPS、NPTF 等。

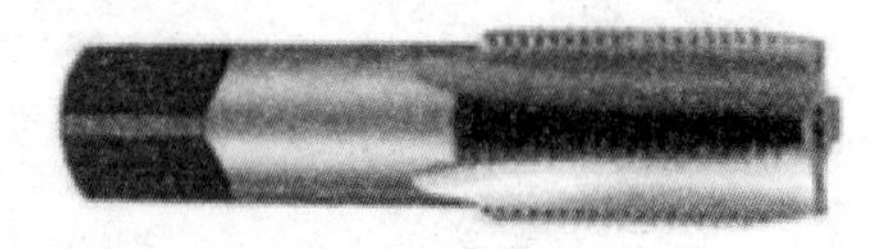

图 1－7－22 管用丝锥

8）涂层丝锥

涂层丝锥（图 1－7－23），其目的是通过丝锥外表的一层酸化处理膜使得丝锥攻牙过程中丝锥和工件之间摩擦减少，润滑性增加，从而增加丝锥的耐磨性。目前主要的表面处理方法有氧化处理、氮化处理、TIN（氧化钛）涂层和 V 涂层。

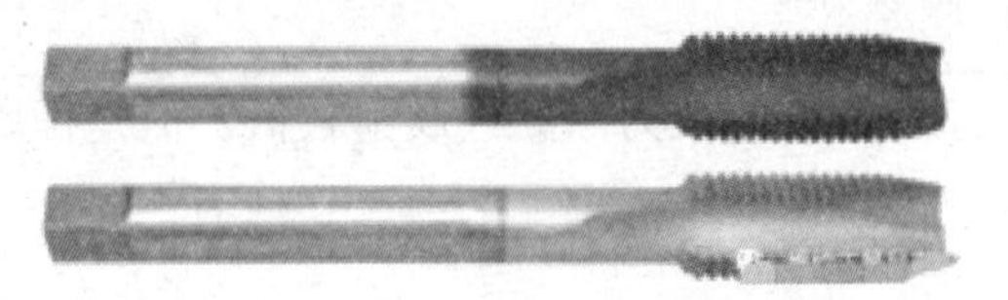

图 1－7－23　涂层丝锥

9）特殊丝锥

有一些特殊的丝锥，如跳牙丝锥，如图 1－7－24 所示。它间隔去掉一个齿，与工件之间的压力及摩擦力较小，加工薄壁件内螺纹，不会造成薄壁件变形，其他还有容屑丝锥，中间开有容屑孔，专门加工几十到几百毫米的大直径内螺纹。

图 1－7－24　特殊丝锥

5. 如何选用合适的丝锥

正确地选用丝锥加工内螺纹，不仅能提高螺纹连接的质量，也能提高丝锥的使用寿命。

通孔螺纹加工选择螺旋尖直槽丝锥、左螺旋槽丝锥或者带长槽头的直槽丝锥，如图 1－7－25 所示。

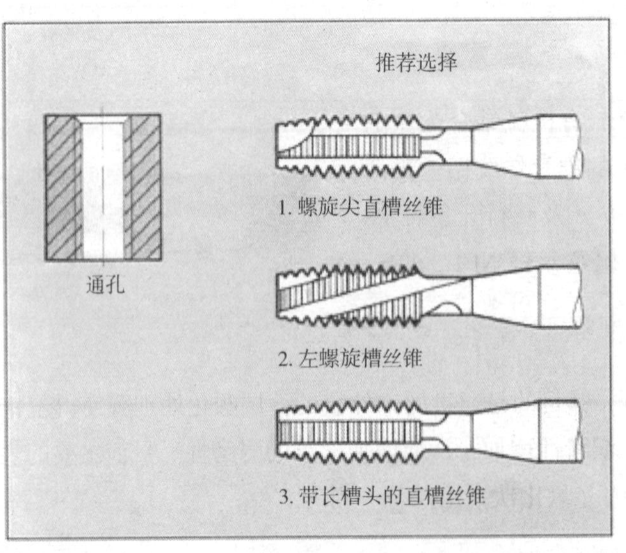

图 1－7－25　通孔螺纹加工丝锥选择

盲孔螺纹加工一般都选择右旋螺旋槽丝锥或者带短锥的直槽丝锥，如图 1－7－26 所示。

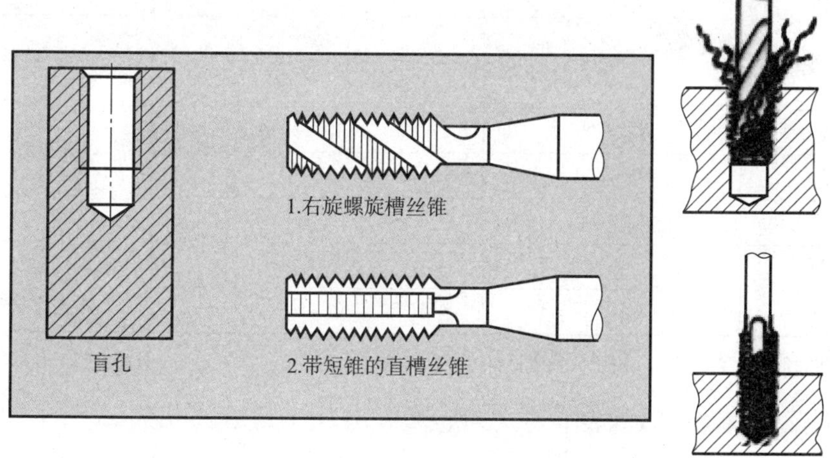

图 1－7－26　盲孔螺纹加工丝锥选择

6. 选择合理的丝锥公差带

国产机用丝锥都标识中径公差带代号：H1、H2、H3 分别表示公差带不同的位置，但公差值是相等的。手用丝锥的公差带代号为 H4，公差值、螺距及角度误差比机用丝锥大，材质、热处理、生产工艺也不如机用丝锥。H4 按规定可以不标志。

丝锥中径公差带所能加工的内螺纹公差带等级如下：

丝锥公差带代号　适用内螺纹公差带等级

H1：　4H，5H

H2：　5G，6H

H3：　6G，7H，7G

H4：　6H，7H

有些企业使用进口丝锥，德国制造商常标志为 ISO1 4H、ISO2 6H、ISO3 6G（国际标准 ISO 1～3 与国家标准 H1～3 是等同的），这样就把丝锥公差带代号及可加工的内螺纹公差带都标上了。

7. 攻丝与螺纹加工参数选择

攻丝和螺纹成型加工标准值如表 1－7－4 所示。

表 1－7－4　攻丝和螺纹成型加工标准值[1]

工件材料		HSS 刀具	
材料组别	抗拉强度 R_m/（$N \cdot mm^{-2}$）或硬度 HB	攻丝[2] 切削速度[2] v_C/（$m \cdot min^{-1}$）	切削油
低强度钢	$R_m \leq 800$	8～13	切削油、攻牙油膏、植物性油
高强度钢	$R_m \leq 800$	6～9	
不锈钢	$R_m \leq 800$	3～5	

续表

工件材料		HSS 刀具	
材料组别	抗拉强度 R_m/（N·mm^{-2}）或硬度 HB	攻丝② 切削速度② v_C/（m·min^{-1}）	切削油
铸铁、可锻铸铁	R_m≤250	7～12	乳化液、煤油、矿油、植物性油
铝合金	R_m≤800	10～20	
铜合金	R_m≤800	10～20	
热塑塑料	—	10～20	水溶性切削油喷雾给油
热固塑料	—	10～20	空气冷却干式切削

注：①冷却润滑液；②上限值：用于低强度材料组别、短螺纹；下限值：用于高强度材料组别、长螺纹。

普通粗牙螺纹基本参数如表 1－7－5 所示。

表 1－7－5　普通粗牙螺纹基本参数

螺纹标记 $d=D$	螺距 P	中径 $d_2=D_2$	小径		螺纹深度		圆弧牙底 R	应力面积 S/mm^2	螺纹底孔 d_o 钻头 ϕ	六角头扳手开口度
			外螺纹 d_3	内螺纹 D_1	外螺纹 h_3	内螺纹 H_1				
M1	0.25	0.84	0.69	0.73	0.15	0.14	0.04	0.46	0.75	3.2
M1.2	0.25	1.04	0.89	0.93	0.15	0.14	0.04	0.73	0.95	
M1.6	0.35	1.38	1.17	1.22	0.22	0.19	0.05	1.27	1.25	
M2	0.4	1.74	1.51	1.57	0.25	0.22	0.06	2.07	1.6	4
M2.5	0.45	2.21	1.95	2.01	0.28	0.24	0.07	3.39	2.05	5
M3	0.5	2.68	2.39	2.46	0.31	0.27	0.07	5.03	2.5	5.5
M4	0.7	3.55	3.14	3.24	0.43	0.38	0.10	8.78	3.3	7
M5	0.8	4.48	4.02	4.13	0.49	0.43	0.12	14.2	4.2	8
M6	1	5.35	4.77	4.92	0.61	0.54	0.14	20.1	5.0	10
M8	1.25	7.19	6.47	6.65	0.77	0.68	0.18	36.6	6.8	13
M10	1.5	9.03	8.16	8.38	0.92	0.81	0.22	58.0	8.5	16
M12	1.75	10.86	9.85	10.11	1.07	0.95	0.25	84.3	10.2	18
M16	2	14.70	13.55	13.84	1.23	1.08	0.29	157	14	24
M20	2.5	18.38	16.93	17.29	1.53	1 035	0.36	245	17.5	30
M24	3	22.05	20.32	20.75	1.84	1.62	0.43	353	21	36
M30	3.5	27.73	25.71	26.21	2.15	1.89	0.51	561	26.5	46
M36	4	33.40	31.09	31.67	2.45	2.17	0.58	817	32	55
M42	4.5	39.08	37.13	37.13	2.76	2.44	0.63	1 121	37.5	65
M48	5	44.75	42.59	42.59	3.07	2.71	0.72	1 473	43	75
M56	5.5	52.43	50.05	50.05	3.37	2.98	0.79	2 030	50.5	85
M64	6	60.10	57.51	57.51	3.68	3.25	0.87	2 676	58	95

8. 螺纹底孔参数确定

1）底孔直径的确定

切削内螺纹前必须先钻底孔，丝锥在攻螺纹的过程中，切削刃主要是切削金属，但还有挤压金属的作用，因而造成金属凸起并向牙尖流动的现象，所以在攻螺纹前，钻削的孔径（底孔）应大于螺纹小径。

通用底孔直径计算公式为

$$d_o = D - P$$

式中 D——内螺纹的公称直径，mm；

P——内螺纹的螺距，mm。

注意：底孔不允许小于公称直径 D 减去螺距 P 的差值；底孔加大可减轻攻丝加工过程难度并避免丝锥断裂（韧性材料）；丝锥执行切削运动和进给运动，进给量由螺纹的螺距决定。

底孔的直径也可查表或按下面的经验公式计算。

脆性材料（铸铁、青铜等）：底孔直径 $d_o = D - 1.1P$。

塑性材料（钢、紫铜等）：底孔直径 $d_o = D - P$。

2）钻孔深度的确定

攻盲孔（不通孔）螺纹时，因丝锥不能攻到底，所以孔的深度要大于螺纹的长度，盲孔的深度可按下面的公式计算：孔的深度 = 所需螺纹的深度 $+0.7D_1$。

3）孔口倒角

攻螺纹前要在钻孔的孔口进行倒角，以利于丝锥的定位和切入，倒角的深度大于螺纹的螺距。

9. 攻丝参数计算案例

在板厚 $t = 20$ mm 的工件上，攻 M8 通孔螺纹。工艺步骤要求：先钻底孔后攻 M8 螺纹。已知条件：工具材料：钻头 HSS（带涂层）、丝锥 HSS；工件材料 Q235；设备为立钻（Z5030A），具备冷却润滑条件。

求：（1）M8 螺纹底孔直径是多少？

（2）钻孔转速 n 的理论数值；攻丝转速 n 的理论数值。

解：（1）查表 M8 的螺纹底孔直径 ϕ6.8mm；

计算公式：$d_o = D - P$；底孔直径 $= 8 - 1.25 = 6.75$（mm）≈6.8（mm）

（2）钻孔转速 $n = v_C/(\pi \cdot d) = 40\ 000/(3.14 \times 6.8) = 1\ 873$（r/min）；

攻丝转速 $n = v_C/(\pi \cdot d) = 8\ 000/(3.14 \times 8) = 318$（r/min）。

10. 攻丝的操作要点及注意事项

（1）根据工件上螺纹的规格，正确选择丝锥，先一锥后二锥，不可颠倒使用。

（2）工件装夹时，要使孔中心垂直于钳口，防止螺纹攻歪。

（3）用头锥攻螺纹时，先旋入 1～2 圈后，要检查丝锥是否与孔端面垂直，可目测或用

直角尺在互相垂直的两个方向上检查。当切削部分已切入工件后，每转1～2圈应反转1/4圈，以便切屑断落；同时不能再施加压力（只转动不加压），以免丝锥崩牙或攻出的螺纹齿较窄。

（4）攻钢件上的内螺纹，要加机油润滑，可使螺纹光洁、省力和延长丝锥使用寿命；攻铸铁上的内螺纹可不加润滑剂，或者加煤油；攻铝及铝合金、紫铜上的内螺纹，可加乳化液。

（5）不要用嘴直接吹切屑，以防切屑飞入眼内。

知识八　弯曲变形和矫正的操作与规范

一、弯曲成形加工

弯曲成形加工是指借助弯曲模具对工件实施塑性变形。弯曲成形加工主要针对板材、管材和线材。

1. 弯曲的概念

将原来平直的板材或型材弯成所要求的曲线形状或角度的操作叫作弯曲，如图1－8－1所示。

2. 中性层概念

材料在弯曲时，外层纤维受拉伸长，内层纤维受压缩短，由于内、外纤维是连续的，所以在它们之间必然存在着一层既不伸长也不缩短的纤维层，这层纤维叫中性层。

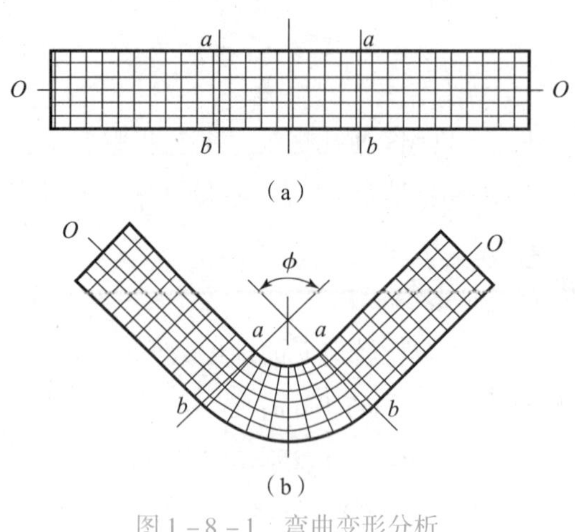

图1－8－1　弯曲变形分析

（a）弯曲前；（b）弯曲后

3. 中性层的位置

中性层的位置取决于材料的变形程度，而变形程度则由r/t（弯曲半径与材料厚度之比）的大小来确定。

（1）当r/t较大时，变形程度小，中性层与弯曲坯料的几何中心重合，即A（中性层）$=r+0.5t$。

（2）当 r/t 较小时，变形程度大，中性层不在材料厚度的几何中心，而是偏向弯曲部分内表面一侧。

通常，在确定中性层半径时，可以用下列简化公式算出：

$$A = r + xt$$

式中 x——中性层位移系数，其选择如表 1－8－1 所示。

表 1－8－1 中性层的位移系数 x 值选择

r/t	0.1	0.2	0.3	0.4	0.5	0.6	0.7	0.8	1	1.2
x	0.21	0.22	0.23	0.24	0.25	0.26	0.28	0.3	0.32	0.33
r/t	1.3	1.5	2	2.5	3	4	5	6	7	≥8
x	0.34	0.36	0.38	0.39	0.4	0.42	0.44	0.46	0.48	0.5

注：侧移量 $=r+xt$（t 表示料厚，r 表示半径，x 表示中性层的位移系数）；
侧移量的各线和各弧的长度相加就是折弯前材料的长度。

这样计算也比较麻烦，一般情况下，当 $r/t>8$ 时，取 $A=r+0.5t$；当 $r/t<8$ 时，$A=r+t/3$。

二、弯曲变形展开长度的计算方法

弯曲变形时，工件的外面部分区域延伸，与之相反，其里面部分区域却被压紧。位于内外两个区域之间的是其长度在弯曲时不变化的工件区域，这一区域称为中性轴线。

弯曲部分的延伸长度相当于中性轴线的长度。

1. 弯曲部分大弯曲半径时的延伸长度

延伸长度 L 由若干个局部长 l_1，l_2，l_3…组成，如图 1－8－2 所示。

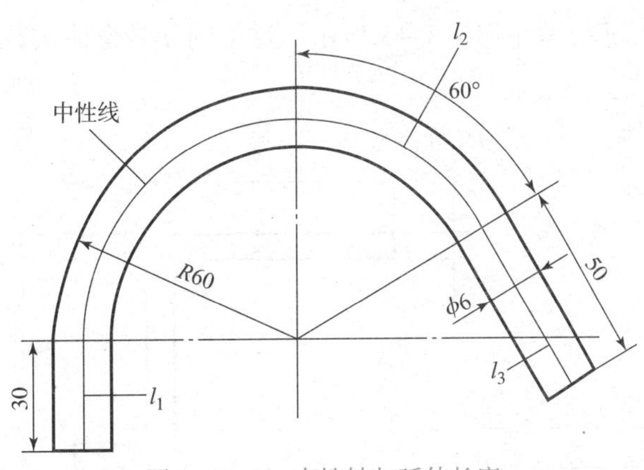

图 1－8－2 中性轴与延伸长度

延伸长度公式：$L=l_1+l_2+l_3\cdots+l_n$。

举例：钩子的延伸长度是多少？

解题：

$$L = l_1 + l_2 + l_3, l_1 = 30 \text{ mm}, l_3 = 50 \text{ mm}$$

$$l_2 = \frac{\pi \cdot d \cdot a}{360} = \frac{\pi \times 114 \times 150}{360} \approx 149(\text{mm})$$

$$L = 30 + 149 + 50 = 229(\text{mm})$$

2. 弯曲部分小弯曲半径时的延伸长度

小弯曲半径弯曲时，中性轴线不再位于横截面的中间，因为材料的受挤压力大于其延伸力，因此在计算延伸长度时需考虑到补偿值 ν；补偿值可通过试验求取或直接从数据表中查取，如表 1－8－2 所示。

表 1－8－2　弯曲角度 $\alpha = 90°$ 时的补偿值 ν

弯曲半径 r/mm	板材厚度 s/mm 为下列数值时，各弯曲点的补偿值 ν/mm						
	0.4	0.6	0.8	1	1.5	2	2.5
1	1.0	1.3	1.7	1.9	√	√	√
1.6	1.3	1.6	1.8	2.1	2.9	√	√
2.5	1.6	2.0	2.2	2.4	3.2	4.0	4.8
4	√	2.5	2.8	3.0	3.7	4.5	5.2
6	√	√	3.4	3.8	4.5	5.2	5.9
10	√	√	√	5.5	6.1	6.7	7.4
16	√	√	√	8.1	8.7	9.3	9.9
20	√	√	√	9.8	10.4	11.0	11.6

为了简化计算，当弯曲部分的弯曲角度为 90°时，可从直线部分长度 l_1，l_2，l_3…和修正值 $n \cdot \nu$ 中计算出延伸长度，如图 1－8－3 所示。这里的 n 是弯曲次数，而 ν 值则取决于弯曲半径 r 和板厚 s。

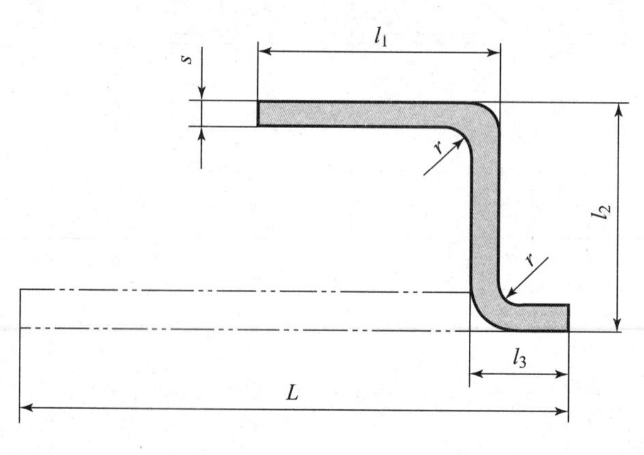

图 1－8－3　90°延伸长度计算

延伸长度公式：$L = l_1 + l_2 + l_3 \cdots + l_n - n \cdot \nu$。

举例：如图 1-8-4 所示，用厚度 $s = 1$ mm 的板条弯出一个支架，这个弯曲部分的延伸长度是多少？

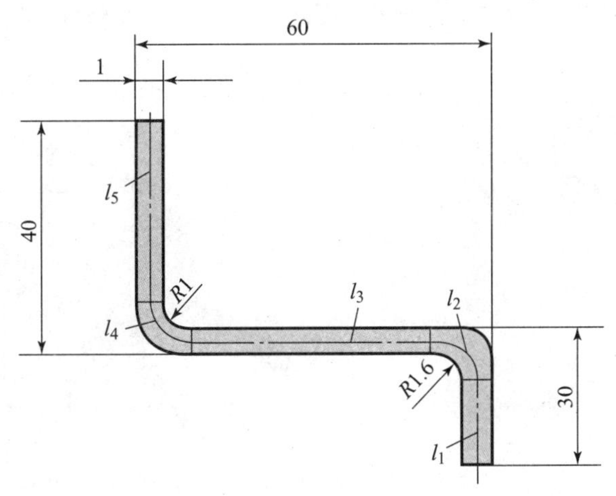

图 1-8-4 支架计算案例

解：弯曲角度为 90°时的补偿值查表

$R = 1$ mm 查 $\nu_1 = 1.9$ mm，

$R = 1.6$ mm 查 $\nu_2 = 2.1$ mm。

弯曲次数 n 均等于 1，则

$L = l_1 + l_2 + l_3 - n \cdot \nu_1 - n \cdot \nu_2$

$= 30 + 60 + 40 - 1 \times 1.9 - 1 \times 2.1$

$= 126$（mm）

注意：图 1-8-4 中 l_1、l_2、l_3、l_4、l_5 指的中性线展开长度，计算公式中的 l_1、l_2、l_3 指的是直线部分长度。

三、弯曲方法

简单的弯曲或修理操作：将薄板垫在弯曲附件上或凸模上，用一把塑料榔头可进行弯板。考虑到弯曲过程结束后，工件略有微回弹，故弯曲时，工件必须有一定的弯曲裕度，凸模半径的选择也应略小于所制作的工件半径。如图 1-8-5 所示，折弯件因弹性变形会回弹，故凸模的半径可小于 90°，以补偿折件的弹性回弹量。

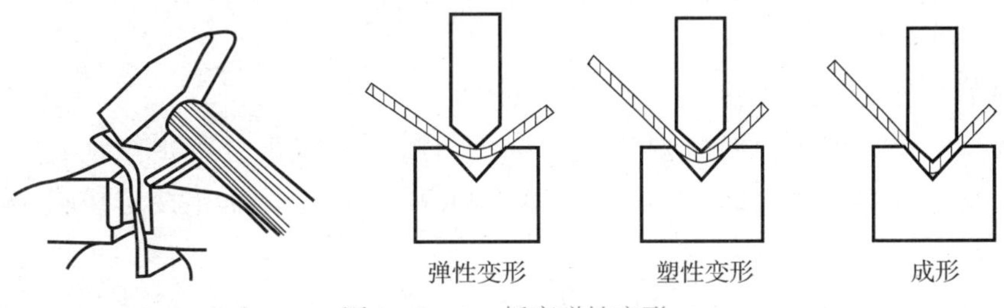

图 1-8-5 折弯弹性变形

工业化生产常用的弯曲方法有折边和弯管。

折边：板夹紧在折边机上颚板与下颚之间，可折边的折弯颚板把板料围绕着折弯条进行弯板，常用设备如图 1－8－6 所示。

弯管：液压系统导管或冷却润滑剂导管所用的管都可以在特殊的弯管机上弯管，常用设备如图 1－8－7 所示。

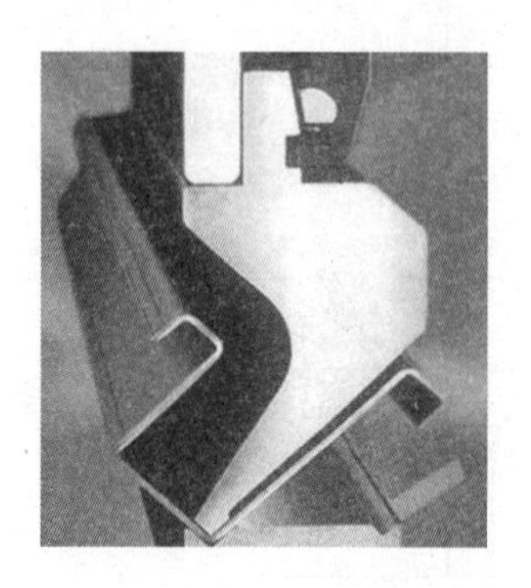

图 1－8－6　折边机

图 1－8－7　弯管机

四、弯曲加工过程中产生的问题

工件弯曲的外层材料变形的大小取决于工件的弯曲半径，弯曲半径越小，外层材料变形越大。为了防止弯曲件拉裂，必须限制工件的弯曲半径，使它大于导致材料开裂的临界半径——最小弯曲半径。常用钢材的弯曲半径如果大于 2 倍的材料厚度，一般就不会被弯裂。

五、矫正

1. 矫正的概念

通过外力作用，消除材料或制件的不平、不直、弯曲、翘曲等缺陷的方法称为矫正。

2. 矫正的原理

金属材料变形有两种：一种是弹性变形，另一种是塑性变形。矫正实质是让金属材料产生一种新的塑性变形，使钢材内部各层纤维的长度趋于一致，来消除原来不应存在的塑性变形。因此，只有对塑性好的材料才能进行矫正。

矫正后的材料内部组织发生变化，造成硬度提高、性质变脆，这种现象称为冷作硬化。为减少冷作硬化现象带来的影响，尽量避免对同一材料多次矫正。必要时应进行退火处理，恢复材料原来的力学性能。

3. 矫正的分类

(1) 按被矫正工件时的温度划分：冷矫正，即在常温下，矫正塑性较好、变形不严重的金属材料；热矫正，即在 700 ℃ ~1 000 ℃ 的高温，矫正变形较大或脆性较大的材料。

(2) 按矫正时使用的矫正方法划分，还可分为手工矫正、机械矫正、火焰矫正及高频

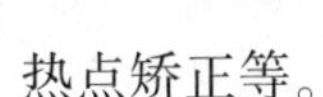

热点矫正等。

4. 手工矫正

1）基本特点

手工矫正是以手工操作手锤、垫铁、拍板等工具，对变形的金属材料施加外力，来达到矫正变形的目的。手工矫正简便、灵活，一般用于薄钢板、小型钢和小型结构件的局部变形的矫正。目前在我国很多行业，如汽车钣金修理作业中，手工矫正仍然是主要方法。

2）手工矫正的工具

（1）平板、垫铁和虎钳是用于矫正板材与型材的基座，一般材料的矫正，使用钳工手锤和方头手锤。

（2）抽条和拍板。抽条是采用条状薄板料弯成的简易手工工具，拍板是采用质地较硬的檀木制成的专用工具。

（3）螺旋压力工具。螺旋压力工具适用于矫正较大的轴类零件或棒料。

（4）检验工具。零件矫正精度的检验工具有平板、直角尺、直尺和百分表等。

3）手工矫正的方法

（1）延展法：用来矫正金属薄板产生的中部凸凹、边缘呈波浪形及扭曲等变形。

（2）扭转法：用来矫正条料的扭曲变形。

（3）弯形法：用来矫正各种弯曲的棒料及宽度方向上有弯曲的条料。直径较小的棒料和薄条料可夹在虎钳上用扳手矫正。直径较大的棒料和厚条料采用压力机械矫正。

（4）伸张法：用来矫正各种细长线材。

5. 机械矫正

为提高矫正效率，减小劳动强度，对于尺寸较大的工件，采用专用机械进行矫正。例如，汽车钣金材料的机械矫正是通过矫正机对钢板进行多次反复弯曲，使钢板长短不等的纤维趋向相等，从而达到矫正的目的。汽车钣金材料变形的矫正一般都是在上、下辊平行的矫正机上进行的。

6. 火焰矫正

火焰矫正就是对变形的钢材采用火焰局部加热的方法进行矫正。

金属材料具有热胀冷缩的特性。当局部加热时，被加热的材料受热而膨胀，而周围未加热部分的材料温度低，使膨胀受到阻碍。停止加热后，金属冷却收缩，使加热处金属纤维比原来的短。火焰矫正正是利用这种新的变形去矫正原来的变形。

火焰矫正的加热源广泛采用温度高、加热速度快、简单方便的氧—乙炔焰。火焰矫正的加热位置通常选择在材料变形量大、纤维拉伸最长的部分，即材料弯曲部分的外侧。火焰越强，加热速度越快，热量越集中，矫正能力越强，矫正变形越大；反之，矫正效果差。对低碳钢和普通低合金钢，通常加热到600 ℃ ~800 ℃，不能超过850 ℃，以免金属过热，常用手工矫正和机械矫正方法，如表1－8－3所示。

表 1－8－3　常用手工矫正和机械矫正方法

采用方法	操作图示	操作要点说明
延展法	1. 薄板材料的矫正 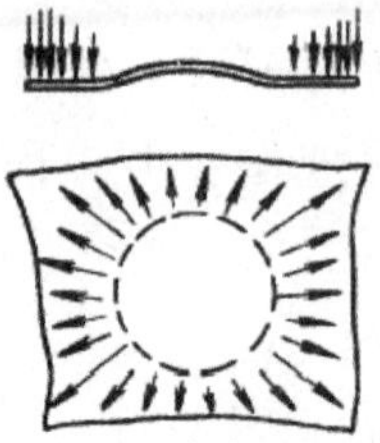 （a）	薄板中间凸起，是由于变形后中间材料变薄引起的。 矫正时，如图（a）所示，锤击应由里向外逐渐由轻到重，由稀到密进行；如果薄板有相邻几处凸起，应先在凸起的交界处轻轻锤击，使凸起合并成一处，再锤击四周而矫平。
	 （b）	薄板四周呈波纹状，如图（b）所示，说明板料四边变薄而伸长了。矫正时，锤击点应从中间向四周进行，按图中箭头所示方向，由密变疏，力由大变小，反复锤打，使板料平整。
	 （c）	薄板发生对角翘曲，如图（c）所示，矫正时，就应沿另外没有翘曲的对角线方向锤击使其延展而矫平。
	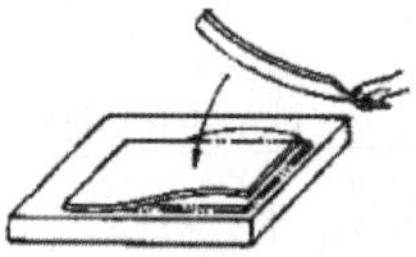 （d）	薄板有微小扭曲时，如图（d）所示，可用抽条左右顺序抽打平面以达到平整。
	 （e）	薄而软的铜箔、铝箔薄片变形，如图（e）所示，可将薄片放在平板上，一手按住薄片，另一手用平木块沿变形处挤压，使其延展变平。
	 （f）	对薄而软的薄片变形，如图（f）所示，也可使用大的木槌或皮锤轻敲整平
	2. 扁钢在宽度方向上弯曲的矫正 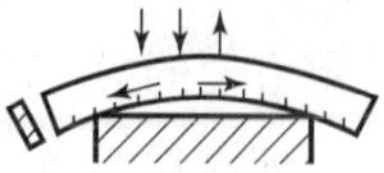	先将凸起朝上放在铁砧上，锤击凸起部位。然后放平扁钢，锤击弯形里圈部位，使其延展矫平
	3. 厚板材料凸起的矫正	由于厚板材料的刚性较好，可直接锤击凸起处矫正

续表

采用方法	操作图示	操作要点说明
扭转法	1. 条钢扭曲的矫正 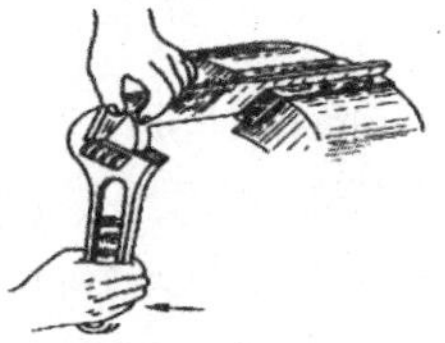	将扭曲条钢的一端用虎钳夹住，另一端用叉形扳手或活扳手夹持，向扭曲相反的方向转动。待变形基本消失后，再用锤击矫平
	2. 角钢扭曲的矫正 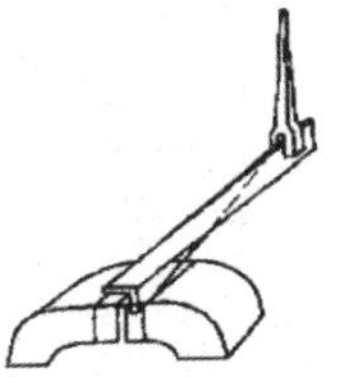	与条钢矫正方法类似
弯形法	1. 扁钢弯曲的矫正 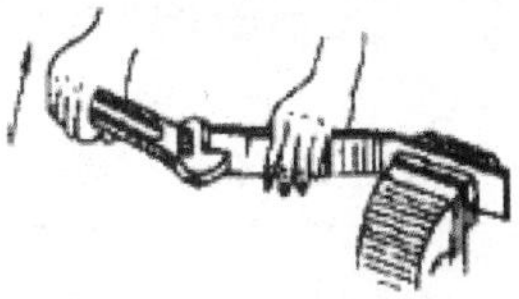 (a) 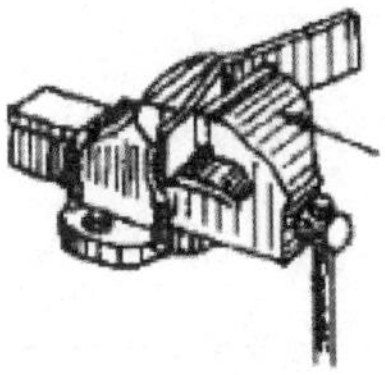 (b)  (c)	扁钢在厚度方向弯曲时，可将近弯曲处夹入虎钳，然后在扁钢的末端用扳手朝相反方向扳动，如图（a）所示。 或将弯曲部位直接夹持在虎钳口正中间直接压直，如图（b）所示。 最后将扁钢放在平板或铁砧上锤击敲平，如图（c）所示

续表

采用方法	操作图示	操作要点说明
	2. 棒料、轴类工件的矫正 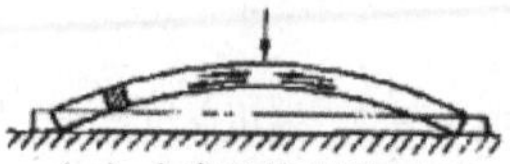 （a）小直径棒料的矫正 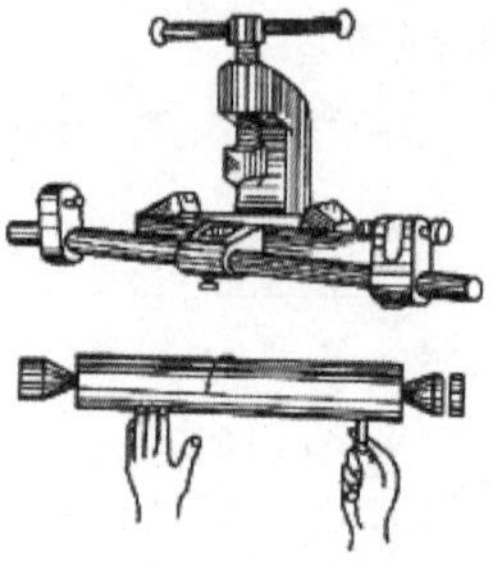 （b）较大直径轴的矫正	较小直径的棒料可用手锤直击弯曲凸起处，基本平直后沿棒料全长轻轻敲击进一步矫直。 轴类工件可用螺旋压力机矫直。首先找出弯曲处并用粉笔做好标记。其次将凸起向上顶住压力机压块，旋转螺杆使其恢复平直。最后用百分表检查矫直情况，边矫正边检查，直到矫直为止
	3. 角钢外弯的矫正 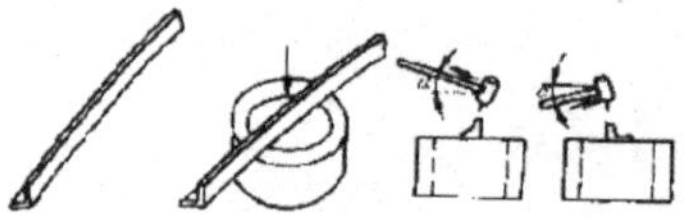	将外弯的角钢放在钢围上，击打角钢立筋。为防止角钢翻转，根据所放位置，锤击时将柄抬起或下压5°左右
弯形法	4. 角钢内弯的矫正 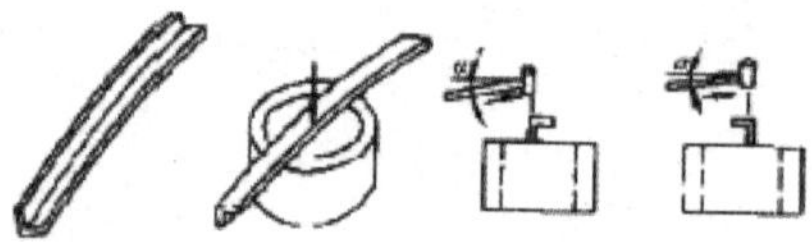	让角钢宽面朝上立放，矫正方法同角钢外弯矫正法
	5. 角钢角变形的矫正 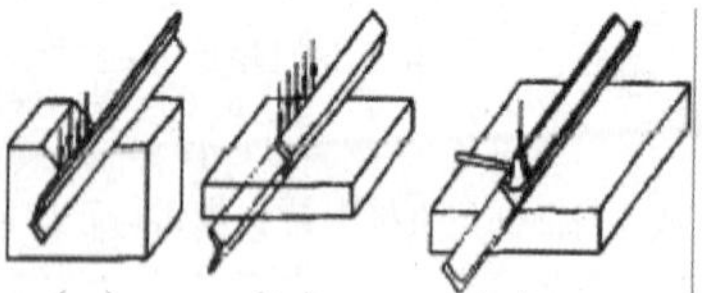 （a）（b）（c）	当角钢角度大于90°时，在V形铁或平台上锤击矫正，如图（a）、（b）所示。 当角钢角度小于90°时，直接锤击内边，如图（c）所示
	6. 槽钢弯曲的矫正 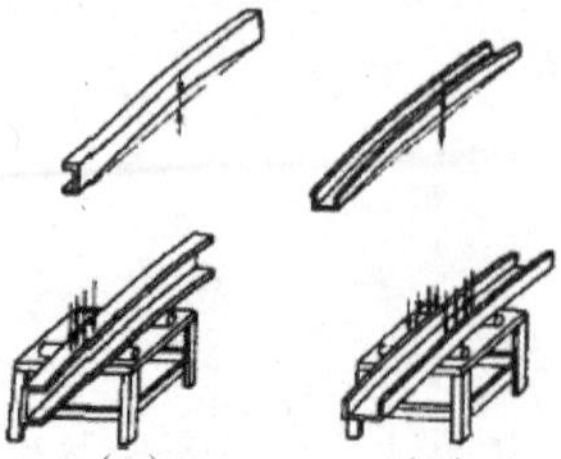 （a）（b）	槽钢发生立弯如图（a）所示，旁弯如图（b）所示，用两根圆钢将其垫起来，选用大锤锤击

续表

采用方法	操作图示	操作要点说明
伸张法	细长的线材的矫直 	用虎钳把线材的一头固定，然后在固定处开始，将弯曲的线材绕圆木一周，紧握圆木向后拉，使线材在拉力作用下绕圆木得到伸长矫直
滚扳机矫正	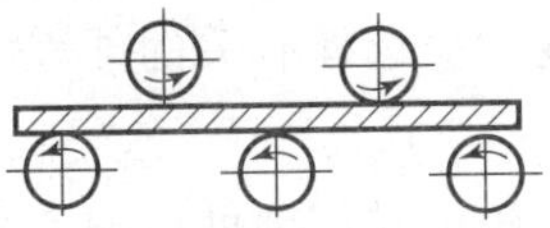 （a） 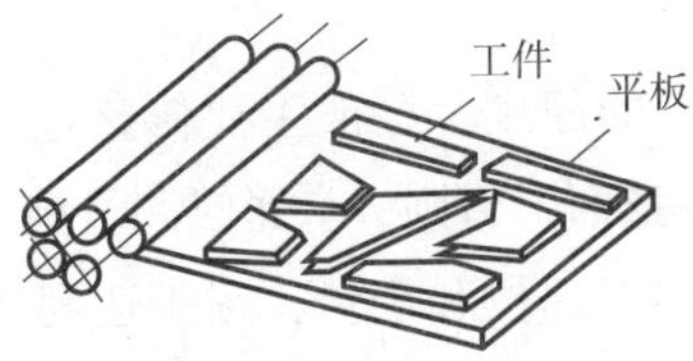 工件 平板 （b）	将板料放入上下辊子中间矫正，如图（a）所示。厚板辊子少些，薄板辊子多些，当有厚度一样的小块板料若干，可一并放在一块大平板上后，再放入辊子中矫正，如图（b）所示
滚圆机矫正	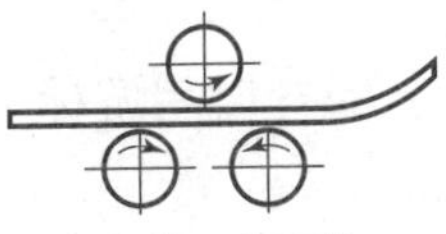 （a）第一次正滚 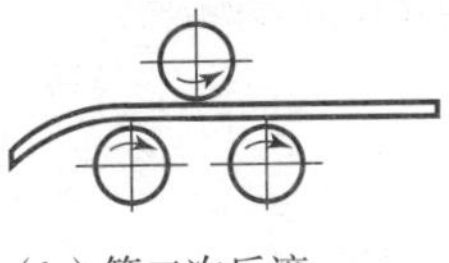 （b）第二次反滚	使用三辊滚圆机矫正平板，正反两次反复进行
压力机矫正厚板	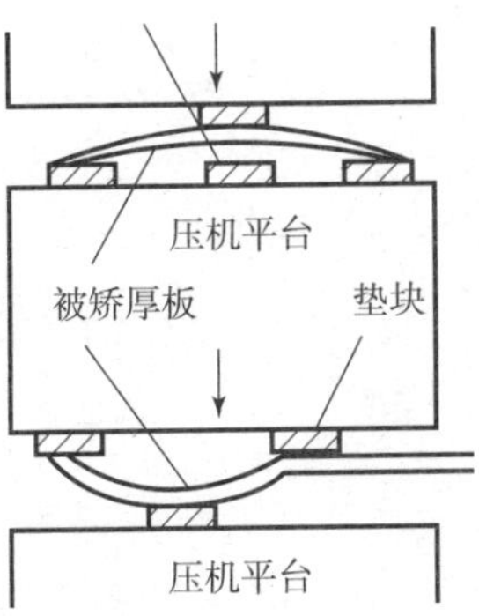 限位垫块 压机平台 被矫厚板 垫块 压机平台	可用油压机压平。依靠材料产生新的塑性变形而实现矫正，注意：为防止存在的弹性变形造成的恢复弯曲，压时应适当压过一些

知识九　锉配的操作与规范

锉配的一般性原则如下：

（1）先加工凸件、后加工凹件。

（2）对称性零件先加工一侧，以利于间接测量的原则，待该面加工好以后再加工另一面。

（3）按中间公差加工的原则，即按公差的中值进行加工。

（4）最小误差原则，为保证获得较高的锉配精度，应选择有关的外表面作为划线和测量的基准，基准面应达到最小形位误差要求。

（5）在运用标准量具不便或不能测量的情况下，优先制作辅助检测工具和采用间接测量方法的原则，如有关角度的测量和检验。

（6）综合兼顾、勤测慎修、逐渐达到配合要求的原则，一般主要修整包容件。注意在做精确修整前，应将各锐边倒钝，去毛刺、清洁测量面，否则，会影响测量精度，造成错误的判断。配合修锉时，一般可通过透光法来确定加工部位和余量，逐步达到规定的配合要求。

（7）在检验修整时，应该综合测量、综合分析后，最终确定出应该修整的那个加工面，否则会适得其反。

（8）锉削时，分粗锉、精锉两种锉削方法进行锉削；粗锉时用游标卡尺控制尺寸，精锉时用千分尺控制尺寸，精锉余量控制在 0. 10 ~ 0. 15 mm。

项目二　钳工加工技术项目化教程工作页

——（德）手动工具加工学习领域教程工作页

专业：______________________________

姓名：______________________________

班级：______________________________

学号：______________________________

______________________________学院编制

实训安全规定

缺乏安全知识、疏忽大意和违规操作等是造成安全事故的主要原因。人身安全涉及个人安危，机械设备的安全涉及成本、效率等经济利益。遵守相关规定不仅是保护个人安危也是从事机械行业的必备素质。

进入实训车间，工作环境中会有各种配电设施、机械设备和金属物料等。每种机械设备都有它的操作要求与安全注意事项，相关安全事项会在后续课程中展开，下面几条是手动加工课的安全常识，希望同学们严格遵守。

1. 防护用品

(1) 进入车间必须穿工作服，并且要做到三紧要求（袖口紧、领口紧、下摆紧）。

(2) 女生留长发者需戴安全帽。

(3) 操作机械时必须佩戴防护眼镜，严禁戴手套。

2. 人身安全

(1) 车间电动工具与机械要在老师指导下使用，未经允许不得私自动用。

(2) 实训车间内绝不能打闹嬉戏，工具、量具等金属物件不可指向他人。

(3) 工作中注意观察与协调，做到三不伤害（不伤害自己、不伤害他人、不被他人伤害）。

3. 环境安全

(1) 安全通道要及时清理，不允许堆放物品。

(2) 车间不允许有生活垃圾，保持车间内的清洁。

(3) 工作结束后及时清扫工作区域。

4. 工具安全

(1) 工作时，工具要有序摆放，不能伸出工作台，不能替代使用工具。

(2) 工作结束后，工具要清理保养、收回工具橱。

5. 量具安全

(1) 使用量具时一定要轻拿轻放，避免磕碰撞击，注意相关配件是否完整。

(2) 量具不准与工具、工件等混放，应采取保护措施单独存放。

(3) 工作结束，擦拭保养，收回工具橱。

任务一 认知精益管理：6S和TPM管理

一、任务目标

学习目标	知识目标	➢ 掌握6S含义、思想 ➢ 掌握钳工中的6S管理 ➢ 掌握安全用品知识，熟悉安全标识
	能力目标	➢ 能够分析并实施6S管理的各个步骤 ➢ 能正确使用个人安全防护用品 ➢ 能够识别几类安全标识 ➢ 具有工作区域的日常6S管理能力

二、任务描述

根据钳工区域6S、TPM管理要求，完成钳工区域的6S、TPM，并填写以下相应的HSE、6S、TPM的分析及持续改进计划实施表。

三、认识6S

在图2-1-1中填写关于6S的中文名称，并书写其定义。

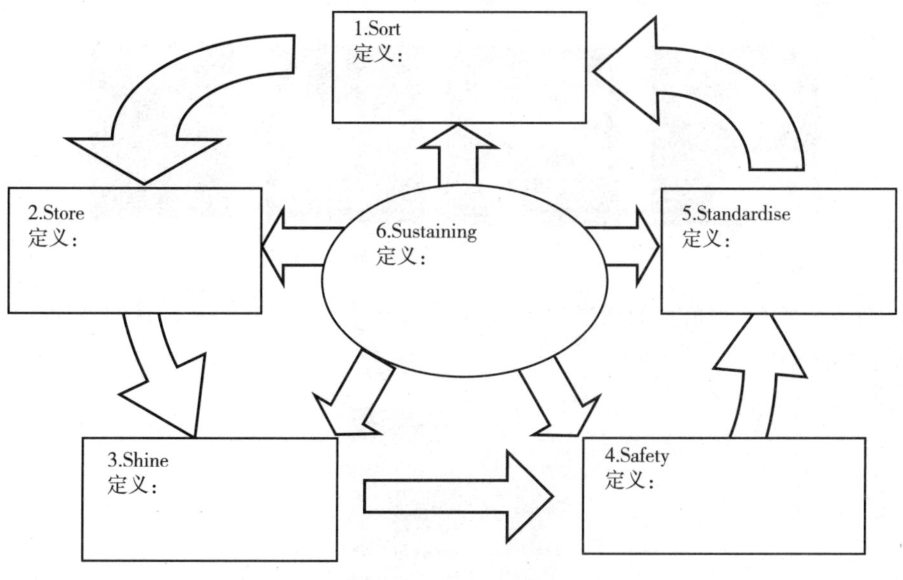

图2-1-1 6S定义

四、6S 规范

请认真看图、观察，完善以下钳工台 6S 管理。

（1）钳工台台面 6S 规范：台面保持________，无________量具、垃圾、污物等，电源插口保持________，气源接口无气管，开关保持闭合，如图 2－1－2 所示。

图 2－1－2　电源规范

（2）钳工虎钳 6S 规范：虎钳钳口、底座及周边部位保持________，无________等。虎钳口自然合上，手柄________，如图 2－1－3 所示。

图 2－1－3　虎钳规范

（3）钳工台工具橱 6S 规范：工具橱内工具、量具等摆放按图 2－1－4 所示（左一为第一层，左二为第二层，左三为第三层，左四为第四层），实训结束后，工具橱应________，如图 2－1－4 所示。

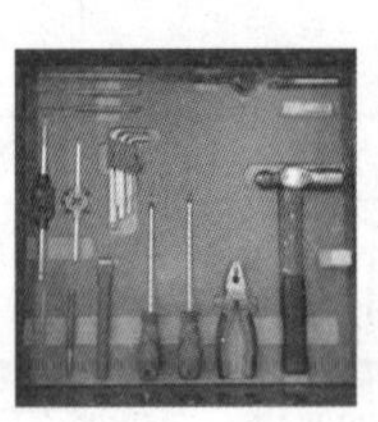
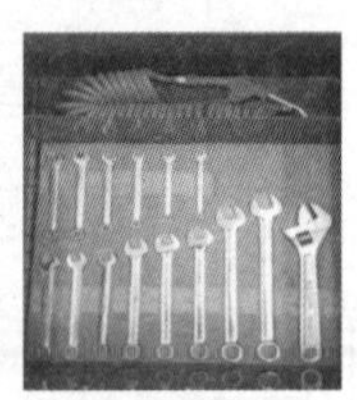

图 2－1－4　钳工工具橱规范

（4）划线平台 6S 规范：划线平台上应只留有________________，且两者应位于平台中部，平台上整齐干净，无______________等，如图 2－1－5 所示。

图 2－1－5　划线平台规范

（5）标出图 2－1－6 所示标识的名称，并解释其含义。

图 2－1－6　标识

五、安全

（1）进入车间必须穿工作服，并且要做到三紧要求（袖口紧、______________）。女生留长发者需____________。

（2）操作机械时必须佩戴___________，严禁戴_______。工作中要注意观察做到三不伤害：__________、__________、______________。

（3）工具安全：工作时，工具要有序摆放，不能_______，不能______________。

六、6S 管理抽查表

时间 内容										评分
防护用品										
工具摆放										
量具摆放										
机床维护										
卫生清理										
工具橱管理										
考勤记录										

小计总分	
成绩	

注：1. 此表在实训过程中随机抽查，有违规现象每次扣 10 分。

2. 评分标准 10 分或 0 分，每项总分 100 分。

3. 成绩等于小计总分除以项目数 7。

七、检查与评价

考评项目	单项成绩	总成绩	评价
6S 认识（0.1）			
6S 规范（0.2）			
安全（0.2）			
6S 执行（0.5）			

任务二　钣金锤的制作

一、钣金锤

钣金锤如图 2－2－1 所示。

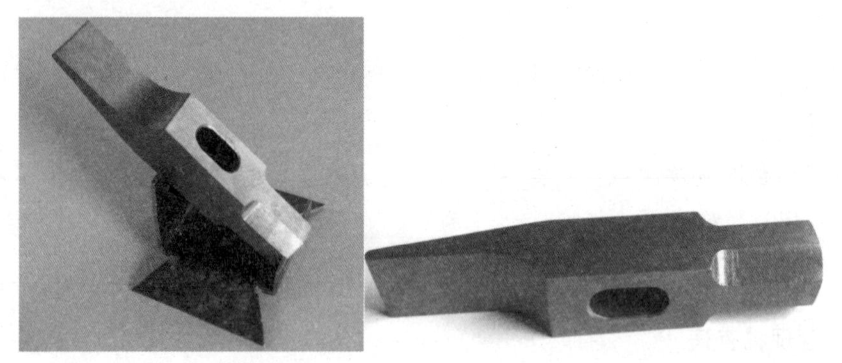

图 2－2－1　钣金锤

二、任务目标

学习目标	知识目标	➢ 掌握钳工中的 6S 管理及 TPM 管理 ➢ 掌握锉削理论知识及操作方法 ➢ 掌握锯割理论知识及操作方法 ➢ 掌握形位公差的检测方法 ➢ 了解机械加工的基础知识
	能力目标	➢ 能够完成工作区域的日常 6S 管理 ➢ 能正确使用个人安全用品 ➢ 能熟练完成锯割任务并能达到一定水平 ➢ 能够完成锉削任务并能达到一定水平 ➢ 能够正确检测工件的形位公差 ➢ 能够熟练利用钻床给工件钻孔

钣金锤工程图纸、加工工艺分解图和钣金锤工艺卡如图 2－2－2～图 2－2－4 所示。

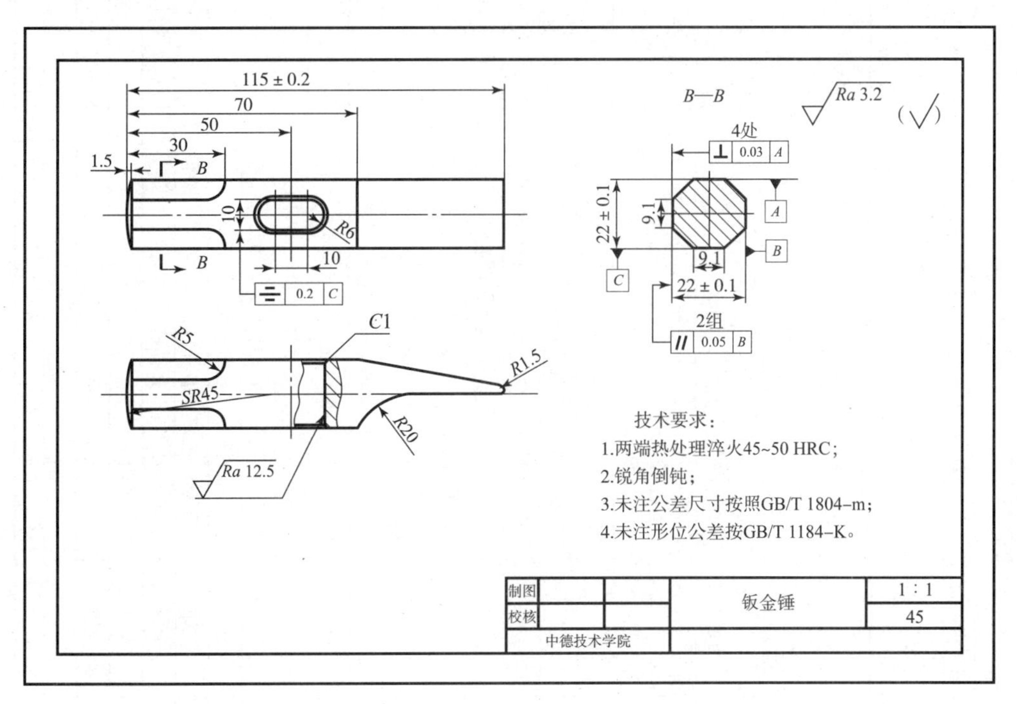

图 2－2－2　钣金锤工程图纸

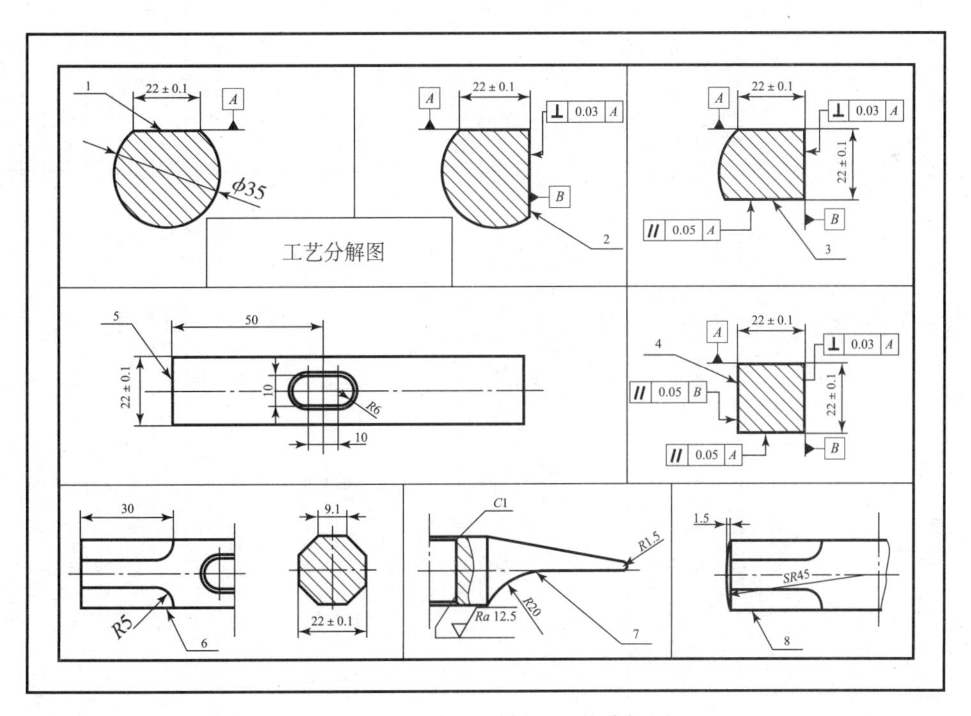

图 2－2－3　钣金锤加工工艺分解图

济南职业学院 中德培训中心	机械加工工艺过程卡			产品名称	产品型号	零件名称	零件图号	零件图号
				钣金锤				第 页 / 共 页
每台件数	材料牌号	材料规格	毛坯种类	毛坯规格	每件毛坯质量	每件零件质量	过程工时定额	备注
	45						78 h	

工序号	工序名称	工序内容	设备名称	工艺装备：夹具名称及编号	工艺装备：刀具名称及编号	工艺装备：量具名称及编号	工序执行审查：检查	工序执行审查：签名
1	下料	锯割圆钢 $\phi 35$ mm × (118 ± 1.0) mm	锯床			卷尺		
2	锉削基准面	划线、锉削 (22 ± 0.1) mm × (118 ± 1.0) mm 为第一基准面		虎钳	锉刀	高度尺、游标卡尺、刀口角尺		
		以第一基准面，划线锯割相邻一边		虎钳	手工锯	高度尺		
		锉削锯割面与第一基准面垂直		虎钳	锉刀	刀口角尺、角度尺、塞尺		
3	粗、精锉长方体	以第一加工面为基准，划平行线、锯割		虎钳	手工锯	高度尺		
		锉削锯割面与第一面平行，尺寸 (22 ± 0.1) mm		虎钳	锉刀	游标卡尺、刀口角尺		
		第二加工面为基准，划平行线、锯割		虎钳	手工锯	高度尺		
		锉削锯割面与第二面平行，尺寸 (22 ± 0.1) mm		虎钳	锉刀	游标卡尺、刀口角尺		
		已加工面为基准锉削第五面 (22 ± 0.1) mm × (22 ± 0.1) mm		虎钳	锉刀	刀口角尺、角度尺		
4	腰孔加工	按图划腰孔线，钻孔中心打样冲眼			样冲	高度尺、直尺、R 样板		
		钻孔 $\phi 9.8$ mm 两个	钻床	平口钳	$\phi 3$ mm、$\phi 9.8$ mm 钻头	游标卡尺		
		锉削腰孔至尺寸		台钳	錾子、锉刀	游标卡尺		
		锉削倒角 $C1$		台钳	锉刀			
5	特形面加工	按图划外形线				高度尺、直尺、R 样板		
		锉削 $R5$，锯割、锉削正八方形		虎钳	手工锯、锉刀	R 样板、刀口角尺		
		锯割、锉削 $R20$ 面、平面		虎钳	手工锯、锉刀	游标卡尺、刀口角尺		
		锯割、锉削斜面、锉削 $R1.5$ 保证尺寸 115 mm		虎钳	手工锯、锉刀	R 样板、刀口角尺、游标卡尺		
		锉削球面 $SR45$ 高度 1.5 mm		虎钳	锉刀	R 样板		
6	表面处理	各面顺锉，保证锉削方向一致		虎钳	锉刀			
		砂布抛光		虎钳	锉刀、砂布			
7	热处理	锤头两端表面淬火						

班级		姓名		学号		编制		日期		评定		会签		日期	

图 2-2-4　钣金锤工艺卡

三、任务实施

步骤一 锉削训练

工艺步骤	3D 图示	要点解读	使用工具	时间
1. 检查毛坯； 2. 划线； 3. 粗锉第一基准面，留加工余量； 4. 精锉第一基准面至所要求尺寸； 5. 检查		1. 划线，注意计算出划线位置； 2. 采用锉刀锉削出一平面； 3. 锉削速度 10 ~ 20 m/min； 4. 正确选择锉刀； 5. 注意锉削姿势； 6. 注意锉刀保养及注意事项； 7. 此面作为第一基准面	虎钳 锉刀 高度尺 刀口角尺 划线平台 带 V 形槽的划线方箱	4 h

学习目标	知识目标	➢ 掌握钳工中的 6S 管理及 TPM 管理 ➢ 掌握锉削知识及锉刀应用方法 ➢ 掌握平面度检测方法 ➢ 掌握锉削安全知识 ➢ 了解刀口角尺、塞尺等检测工具的使用方法
	能力目标	➢ 学会工作区域的日常 6S 管理 ➢ 能正确使用个人安全用品 ➢ 学会锉削姿势，能够正确使用锉刀 ➢ 能够完成基准平面锉削 ➢ 能够正确检测工件的平面度

知识问答：

1. 划线基准一般有三种类型：

（1）以两个________的平面或直线为划线基准。

（2）以两条互相垂直的________为划线基准。

（3）以________和一条中心线为划线基准。

2. 锉刀的维护保养：

（1）新锉刀要使用一面，当该面________，再使用另一面。

（2）在粗锉时，应充分使用锉刀的________，避免锉齿局部磨损。

（3）不可锉毛坯件的________及________________的工件。

（4）锉刀上不可黏油和沾水，沾水后锉刀易________，黏油后锉刀锉削时易________。

（5）切屑嵌入齿缝内必须及时用铜丝刷沿着________进行清除，以免切屑刮伤已加工面。

（6）锉刀使用完毕必须________，以免生锈。

（7）放置锉刀时要避免锉刀与硬物接触，严禁________________________。

3. 简述用刀口角尺检测平面度的方法。

4. 已知材料为45钢、长120 mm、直径 ϕ35 mm，计算这块材料的质量（kg）。

5. 划线时，选用未经切削加工过的毛坯面做基准，使用次数只能为________次。

A. 一　　B. 二　　C. 三

检查与评价：

TPM过程检查			标准：10～0分	
序号	零件名称	检查项目	教师评分	备注
1	钣金锤	锉削姿势是否规范		
2		加工面符合工艺要求		
3		实训过程6S规范		
4		安全操作文明		
		小计分		
	总分＝	小计分×2.5		

工件检查						标准：采用 10 或 0 分			
序号	零件名称	检查项目	学生自评			教师测评			教师评分
			实际尺寸	达到要求		实际尺寸	达到要求		
				是	否		是	否	
1	钣金锤	平面度							
2		粗糙度							
						小计分			
					总分 =	小计分 ×2.5			

理论检查			标准：采用 10 ~ 0 分	
序号	检查项目		教师评分	备注
1	填空题			
2	填空题			
3	简述题			
4	质量计算			
5	选择题			
		小计分		
	总分 =	小计分 ×2		

项目分值计算：

TPM 过程检查 =	总分 ×0.3	=
工件检查 =	总分 ×0.5	=
理论检查 =	总分 ×0.2	=
	成绩 =	

步骤二　锯割及锉削训练

工艺步骤	3D 图示	要点解读	使用工具	时间
1. 划线； 2. 锯割，留加工余量； 3. 粗锉锯割面； 4. 精锉第二基准面； 5. 检查		1. 划线，注意划线基准； 2. 锯割第二面； 3. 锯割速度 10 ~ 20 m/min； 4. 注意锯割操作要点； 5. 正确选择锉刀； 6. 注意锉刀保养及注意事项	虎钳 手锯、锉刀 高度尺 刀口角尺 划线平台 带 V 形槽的划线方箱 角度尺	锯割 2 h 锉削 2 h

学习目标	知识目标	➢ 掌握锯割知识 ➢ 掌握工件基准的选择和划线方法 ➢ 掌握手工锯割方法 ➢ 掌握形位公差垂直度的检测方法 ➢ 了解划针盘、划针等划线工具的使用方法
	能力目标	➢ 能够完成工作区域的日常6S管理 ➢ 能正确使用个人安全用品 ➢ 能够正确使用划线工具 ➢ 学会锯割操作姿势并能完成锯割任务 ➢ 能够提高锉削速度与技能 ➢ 能够正确检测形位公差垂直度

知识问答：

1. 分析锯缝产生歪斜和锯条崩断原因？

2. 解释形位公差 ⊥ 0.03 A 的含义。

3. 简述垂直度的检测方法。

4. 材料长度1 000 mm、直径 ϕ35 mm，工件长度要求120 mm，锯缝宽度2 mm。问：这根材料可以锯割多少件工件，剩余材料还有多长？

5. 锯割板料、薄壁管子、电缆及硬性金属，应选用________齿手锯条。

A. 粗　　　B. 中　　　C. 细

检查与评价：

TPM 过程检查			标准：10 ~ 0 分	
序号	零件名称	检查项目	教师评分	备注
1	钣金锤	锯条正确使用		
2		锯割姿势是否规范		
3		实训过程 6S 规范		
4		安全操作文明		
		小计分		
	总分 =	小计分 ×2.5		

理论检查		标准：采用 10 ~ 0 分	
序号	检查项目	教师评分	备注
1	问答题		
2	名词解释		
3	简述题		
4	计算题		
5	选择题		
	小计分		
总分 =	小计分 ×2		

<table>
<tr><th colspan="6">工件检查</th><th colspan="4">标准：采用 10 或 0 分</th></tr>
<tr><th rowspan="3">序号</th><th rowspan="3">零件名称</th><th rowspan="3">检查项目</th><th colspan="3">学生自评</th><th colspan="3">教师测评</th><th rowspan="3">教师评分</th></tr>
<tr><th rowspan="2">实际尺寸</th><th colspan="2">达到要求</th><th rowspan="2">实际尺寸</th><th colspan="2">达到要求</th></tr>
<tr><th>是</th><th>否</th><th>是</th><th>否</th></tr>
<tr><td>1</td><td rowspan="3">钣金锤</td><td>平面度</td><td></td><td></td><td></td><td></td><td></td><td></td><td></td></tr>
<tr><td>2</td><td>粗糙度</td><td></td><td></td><td></td><td></td><td></td><td></td><td></td></tr>
<tr><td>3</td><td>垂直度</td><td></td><td></td><td></td><td></td><td></td><td></td><td></td></tr>
<tr><td colspan="6"></td><td>小计分</td><td colspan="2"></td><td></td></tr>
<tr><td colspan="5"></td><td>总分 =</td><td>小计分/0.6</td><td colspan="3"></td></tr>
</table>

项目分值计算：

TPM 过程检查 =	总分 ×0.3	=
工件检查 =	总分 ×0.5	=
理论检查 =	总分 ×0.2	=
	成绩 =	

步骤三　锉削第三面

工艺步骤	3D 图示	要点解读	使用工具	时间
1. 划线； 2. 锯割去除多余材料，留加工量； 3. 粗锉第三面； 4. 精锉第三面至所要求尺寸； 5. 检查		1. 划线，注意计算出划线位置； 2. 锯割、锉削出第三个平面以保证尺寸（22 ±0.1）mm； 3. 注意平行度，垂直度； 4. 锉削速度 10 ~ 20 m/min； 5. 正确选择锉刀； 6. 注意锯割、锉削姿势； 7. 注意锉刀保养及注意事项	虎钳 手锯、锉刀 高度尺 游标卡尺 刀口角尺 划线平台 带 V 形槽的划线方箱 角度尺	锯割 2 h 锉削 2 h

学习目标	知识目标	➢ 掌握形位公差平行度的含义和标注方法 ➢ 掌握形位公差平行度的检测方法 ➢ 掌握游标卡尺的测量方法 ➢ 了解百分表的使用方法
	能力目标	➢ 能够完成工作区域的日常 6S 管理 ➢ 能正确使用个人安全用品 ➢ 能够提高锯割质量和效率 ➢ 能够提高锉削质量和效率 ➢ 能够正确检测形位公差平行度

知识问答：

1. 图纸中形位公差 [∥ 0.05 A] 是什么意思？

2. 为能使第三加工面达到平行度 [∥ 0.05 A]，那它的平面度应达到什么要求？并解释平面度含义。

3. 用于检查工件在加工后的各种差错，甚至在出现废品时作为分析原因用的线称为____________。

A. 加工线　　　　B. 找正线　　　　C. 证明线

4. 简述锉削时的注意事项。

5. 剖视图类型一般分为全剖、半剖、局部剖三种，按图 2－2－4 中 1：1 比例绘制剖视图。

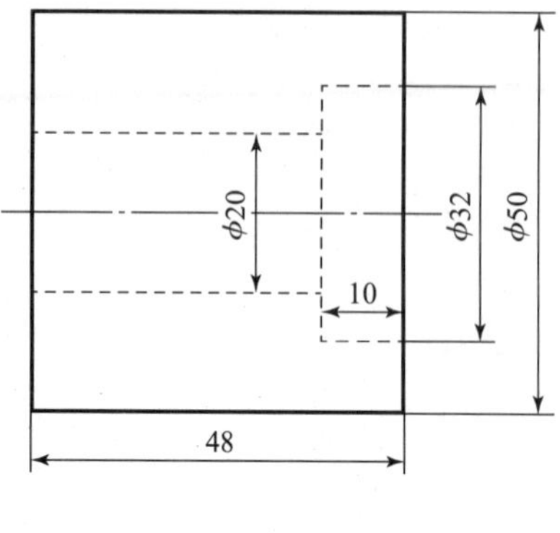

图 2－2－4　视图

全剖

半剖

局部剖

检查与评价：

TPM 过程检查			标准：10～0 分	
序号	零件名称	检查项目	教师评分	备注
1	钣金锤	工艺顺序是否正确		
2		锯割及锉削姿势是否规范		
3		实训过程 6S 规范		
4		安全操作文明		
		小计分		
	总分 =	小计分×2.5		

理论检查		标准：采用 10～0 分	
序号	检查项目	教师评分	备注
1	问答题		
2	问答题		
3	选择题		
4	简述题		
5	绘图题		
	小计分		
总分 =	小计分×2		

工件检查						标准：采用10或0分			
序号	零件名称	检查项目	学生自评			教师测评			教师评分
			实际尺寸	达到要求		实际尺寸	达到要求		
				是	否		是	否	
1	钣金锤	平面度							
2		垂直度							
3		平行度							
4		(22 ±0.1) mm							
						小计分			
					总分 =	小计分×2.5			

项目分值计算：

TPM 过程检查 =	总分×0.3	=
工件检查 =	总分×0.5	=
理论检查 =	总分×0.2	=
	成绩 =	

步骤四　锉削第四面

工艺步骤	3D 图示	要点解读	使用工具
1. 划线； 2. 锯割去除多余材料，留加工量； 3. 粗锉第四面； 4. 精锉第四面至所要求尺寸； 5. 检查		1. 划线，注意计算出划线位置； 2. 锯割、锉削出第四个平面，保证尺寸（22 ±0.1）mm； 3. 注意垂直度、平行度； 4. 锉削速度 10～20 m/min； 5. 正确选择锉刀； 6. 注意锯割、锉削姿势； 7. 注意锉刀保养及注意事项	虎钳 锉刀、手锯 高度尺、游标卡尺 刀口角尺 划线平台 带 V 形槽的划线方箱 角度尺

<table>
<tr><td rowspan="2">学习
目标</td><td>知识
目标</td><td>➢ 掌握钳工中的6S管理及TPM管理
➢ 掌握锯割知识
➢ 掌握锉削知识
➢ 了解钻床知识</td></tr>
<tr><td>能力
目标</td><td>➢ 能够完成工作区域的日常6S管理
➢ 能正确使用个人安全用品
➢ 能够熟练完成锯割任务
➢ 能够熟练完成平面锉削任务
➢ 能够准确检测工件形位公差</td></tr>
</table>

知识问答：

1. 手工锯操作规范：

（1）锯条的锯齿必须朝向______________。

（2）大齿锯条适用于____。

（3）小齿锯条适用于____。

2. 参考图2－2－5绘图：比例2∶1。

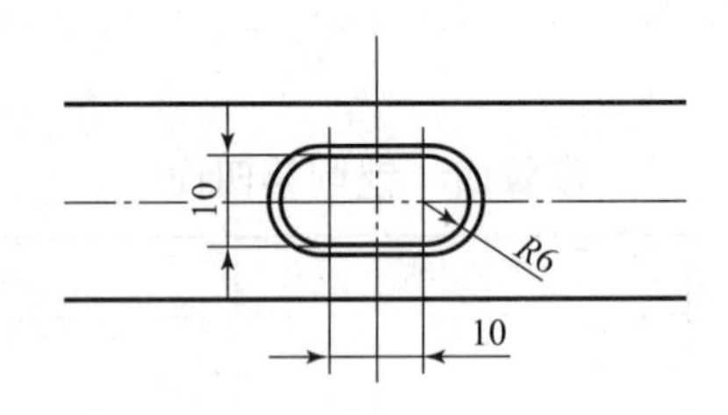

图2－2－5 腰孔

3. 已知材料45钢，长方体尺寸22 mm×22 mm×120 mm，计算产品质量（kg）。

4. 划线时，当发现毛坯误差不大时，可依靠划线时________方法予以补救，使加工后的零件仍然符合要求。

A. 找正　　　　B. 借料　　　　C. 变换基准

检查与评价：

TPM 过程检查			标准：10 ~0 分	
序号	零件名称	检查项目	教师评分	备注
1	钣金锤	锯条正确使用		
2		锯割及锉削姿势是否规范		
3		实训过程 6S 规范		
4		安全操作文明		
		小计分		
		总分 = 小计分 ×2.5		

理论检查		标准：采用 10 ~0 分	
序号	检查项目	教师评分	备注
1	填空题		
2	绘图题		
3	计算题		
4	选择题		
	小计分		
总分 =	小计分 ×2.5		

<table>
<tr><th colspan="6">工件检查</th><th colspan="4">标准：采用 10 或 0 分</th></tr>
<tr><th rowspan="3">序号</th><th rowspan="3">零件名称</th><th rowspan="3">检查项目</th><th colspan="3">学生自评</th><th colspan="3">教师测评</th><th rowspan="3">教师评分</th></tr>
<tr><th rowspan="2">实际尺寸</th><th colspan="2">达到要求</th><th rowspan="2">实际尺寸</th><th colspan="2">达到要求</th></tr>
<tr><th>是</th><th>否</th><th>是</th><th>否</th></tr>
<tr><td>1</td><td rowspan="5">钣金锤</td><td>平面度</td><td></td><td></td><td></td><td></td><td></td><td></td><td></td></tr>
<tr><td>2</td><td>粗糙度</td><td></td><td></td><td></td><td></td><td></td><td></td><td></td></tr>
<tr><td>3</td><td>垂直度</td><td></td><td></td><td></td><td></td><td></td><td></td><td></td></tr>
<tr><td>4</td><td>平行度</td><td></td><td></td><td></td><td></td><td></td><td></td><td></td></tr>
<tr><td>5</td><td>(22 ±0.1) mm</td><td></td><td></td><td></td><td></td><td></td><td></td><td></td></tr>
<tr><td colspan="6"></td><td>小计分</td><td colspan="3"></td></tr>
<tr><td colspan="6">总分 =</td><td>小计分 ×2</td><td colspan="3"></td></tr>
</table>

项目分值计算：

TPM 过程检查 =	总分 ×0.3	=
工件检查 =	总分 ×0.5	=
理论检查 =	总分 ×0.2	=
	成绩 =	

步骤五　加工腰孔

工艺步骤	3D 图示	要点解读	使用工具
1. 锉削划线基准面(第五面)； 2. 划线； 3. 打样冲； 4. 钻孔用 ϕ9.8 mm 钻头； 5. 錾削去除多余材料； 6. 锉削腰孔至所要求尺寸； 7. 孔口倒角； 8. 检查		1. 注意划线，样冲位置（勿选错面)； 2. 选用多大直径的钻头； 3. 钻床安全使用规范； 4. 切削速度如何计算（查表)； 5. 正确选择锉刀（异形锉)； 6. 注意钻头装夹； 7. 注意钻床保养及注意事项	虎钳 锉刀、手锯 高度尺、游标卡尺 刀口角尺 划线平台 带 V 形槽的划线方箱 角度尺

学习目标	知识目标	➢ 掌握钻床操作方法 ➢ 掌握钻头的几何参数和切削原理 ➢ 掌握样冲的使用方法 ➢ 掌握钻床夹具的使用方法 ➢ 了解切削理论知识
	能力目标	➢ 能够完成小组工作区域的日常 6S 管理 ➢ 能正确使用个人安全防护用品 ➢ 能够准确打样冲眼进行定位 ➢ 能够正确操作钻床 ➢ 能够预防机械伤害事故的发生 ➢ 能够完成钻床的日常保养

知识问答：

1. 已知钻头材料 HSS、直径 ϕ9.8 mm、钣金锤材料 45 钢，请计算钻床的主轴理论转速。

2. 什么是切削速度？

3. 钣金锤材料 45 钢，这种牌号代表含义是什么？

4. Z35 型摇臂钻床的最大钻孔直径是________。

A. 35 mm　　B. 50 mm　　C. 75 mm

5. 标准麻花钻的顶角是________。

A. 60°　　B. 118°　　C. 135°

6. 材料长度 1 000 mm、直径 ϕ35 mm，钣金锤的用料长度要求 120 mm，供应商以 7 000 元/吨供货。

问：每个钣金锤的材料成本是多少元？

检查与评价：

TPM 过程检查			标准：采用 10 ~ 0 分	
序号	零件名称	检查项目	教师评分	备注
1	钣金锤	钻床正确使用		
2		钻削及锉削姿势是否规范		
3		实训过程 6S 规范		
4		安全操作文明		
		小计分		
	总分 =	小计分 ×2.5		

理论检查		标准：采用10~0分	
序号	检查项目	教师评分	备注
1	计算题		
2	问答题		
3	问答题		
4	选择题		
5	选择题		
6	计算题		
	小计分		
总分 =	小计分/0.6		

工件检查						标准：采用10或0分			
序号	零件名称	检查项目	学生自评			教师测评			教师评分
			实际尺寸	达到要求		实际尺寸	达到要求		
				是	否		是	否	
1	钣金锤	对称度0.2 mm							
2		粗糙度							
3		倒角$C1$							
						小计分			
					总分 =	小计分/0.6			

项目分值计算：

TPM过程检查 =	总分×0.3	=
工件检查 =	总分×0.5	=
理论检查 =	总分×0.2	=
	成绩 =	

步骤六　锉削八棱面

实施步骤	3D图示	要点解读	使用工具
1. 划线； 2. 锉削圆角$R5$； 3. 锉削八棱面； 4. 检查		1. 注意划线（所有外形线都要划）； 2. 采用锯割、锉削方法获得八边形； 3. 学会使用R样板； 4. 正确选择锉刀； 5. 注意锉刀保养及注意事项	虎钳 锉刀、手锯 高度尺、游标卡尺 划线平台 带V形槽的划线方箱 R样板

学习目标	知识目标	➢ 掌握工件划线方法 ➢ 掌握圆锉刀的使用方法 ➢ 掌握圆角 *R* 的锉削方法 ➢ 掌握 R 样板的使用方法
	能力目标	➢ 能够完成小组工作区域的日常 6S 管理 ➢ 能正确使用个人安全防护用品 ➢ 能够正确使用圆锉加工 *R* 圆角 ➢ 能够检测 *R* 圆角是否合格

知识问答：

1. Q235 与 45 钢有什么区别？（提示：从含碳量、屈服强度、韧性等方面简述。）

2. 图纸中 *SR*45 是什么意思？

3. 按 2∶1 比例绘制图 2－2－6 所示锤头。

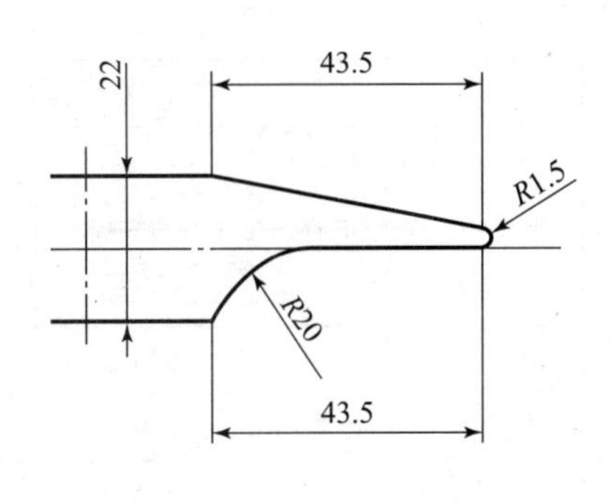

图 2－2－6　锤头

4. 划线确定了工件的尺寸界限，在加工过程中，应通过________来保证尺寸的准确性。

A. 划线　　B. 测量　　C. 加工

5. 设计图样上所采用的基准，称为________。

A. 设计基准　　B. 定位基准　　C. 划线基准

6. 在锉削加工余量较小或者在修正尺寸时，应采用________。

A. 顺向锉法　　B. 交叉锉法　　C. 推锉法

检查与评价：

TPM 过程检查			标准：采用 10 ~ 0 分	
序号	零件名称	检查项目	教师评分	备注
1	钣金锤	锉削姿势是否规范		
2		锉削面符合专业要求		
3		实训过程 6S 规范		
4		安全操作文明		
		小计分		
	总分 =	小计分 ×2.5		

理论检查		标准：采用 10 ~ 0 分	
序号	检查项目	教师评分	备注
1	问答题		
2	问答题		
3	绘图题		
4	选择题		
5	选择题		
6	选择题		
	小计分		
总分 =	小计分/0.6		

工件检查						标准：采用 10 或 0 分			
序号	零件名称	检查项目	学生自评			教师测评			教师评分
			实际尺寸	达到要求		实际尺寸	达到要求		
				是	否		是	否	
1	钣金锤	粗糙度							
2		*SR*45							
3		*R*5							
						小计分			
					总分 =	小计分/0.6			

项目分值计算：

TPM 过程检查 =	总分 ×0.3	=
工件检查 =	总分 ×0.5	=
理论检查 =	总分 ×0.2	=
	成绩 =	

步骤七　特性面加工

工艺步骤	3D 图示	要点解读	使用工具
1. 锯割去除多余材料； 2. 锉削斜面； 3. 锉削圆弧 *R*20 mm 与平面； 4. 锉削 *R*1.5 mm； 5. 锉削球头 *SR*45 mm； 6. 钣金锤表面锉削痕迹、方向保持一致； 7. 检查		1. 注意划线（外形）； 2. 采用锯割、锉削方法获得 *R*20 mm、*R*1.5 mm 圆弧面以及斜面和 *SR*45 mm 球头面； 3. 学会使用 R 样板； 4. 正确选择锉刀； 5. 注意锉刀保养及注意事项	虎钳 锉刀、手锯 高度尺、游标卡尺 划线平台 带 V 形槽的划线方箱 R 样板

学习目标	知识目标	➢ 掌握异形面的锯割方法 ➢ 掌握异形面的锉削方法 ➢ 掌握半圆锉的使用方法 ➢ 掌握圆角样板的检测方法 ➢ 了解关于配做的知识
	能力目标	➢ 能够完成小组工作区域的日常 6S 管理 ➢ 能正确使用个人安全用品 ➢ 能够熟练使用半圆锉锉削圆角 ➢ 能够正确使用样板检测工件 ➢ 能够确保工件表面质量符合要求

知识问答：

1. 技术要求淬火处理 45 ~ 50 HRC，其中 HRC 代表什么？

2. 热处理“四火”指的哪四火？请分别简述其定义。

3. 解释下列粗糙度符号所表达的意思。

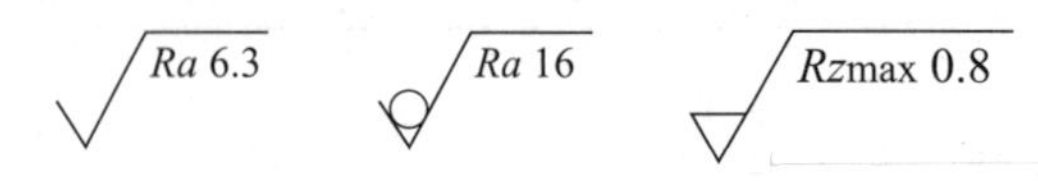

4. 图纸尺寸标注类型有基本尺寸、定形尺寸和定位尺寸三种，其中工件的基本尺寸是指什么？

检查与评价：

TPM 过程检查			标准：采用 10 ~ 0 分	
序号	零件名称	检查项目	教师评分	备注
1	钣金锤	工艺顺序是否正确		
2		产品是否符合专业要求		
3		实训过程 6S 规范		
4		安全操作文明		
		小计分		
	总分 =	小计分 ×2. 5		

理论检查		标准：采用 10 ~ 0 分	
序号	检查项目	教师评分	备注
1	问答题		
2	问答题		
3	解释符号		
4	问答题		
	小计分		
总分 =	小计分 ×2. 5		

工件检查						标准：采用10或0分			
序号	零件名称	检查项目	学生自评			教师测评			教师评分
			实际尺寸	达到要求		实际尺寸	达到要求		
				是	否		是	否	
1	钣金锤	粗糙度							
2		$R20$ mm							
3		$R1.5$ mm							
						小计分			
				总分 =		小计分/0.6			

项目分值计算：

TPM过程检查 =	总分×0.3	=
工件检查 =	总分×0.5	=
理论检查 =	总分×0.2	=
	成绩 =	

钣金锤项目总分 = 步骤总分 ÷7 = ____________。

总结与提高：

1. 锉削是钳工的一种重要基本操作，初学时首先要做到姿势正确。对比图2－2－7所示的锉削规范动作，总结你锉削操作动作的正确与不足。

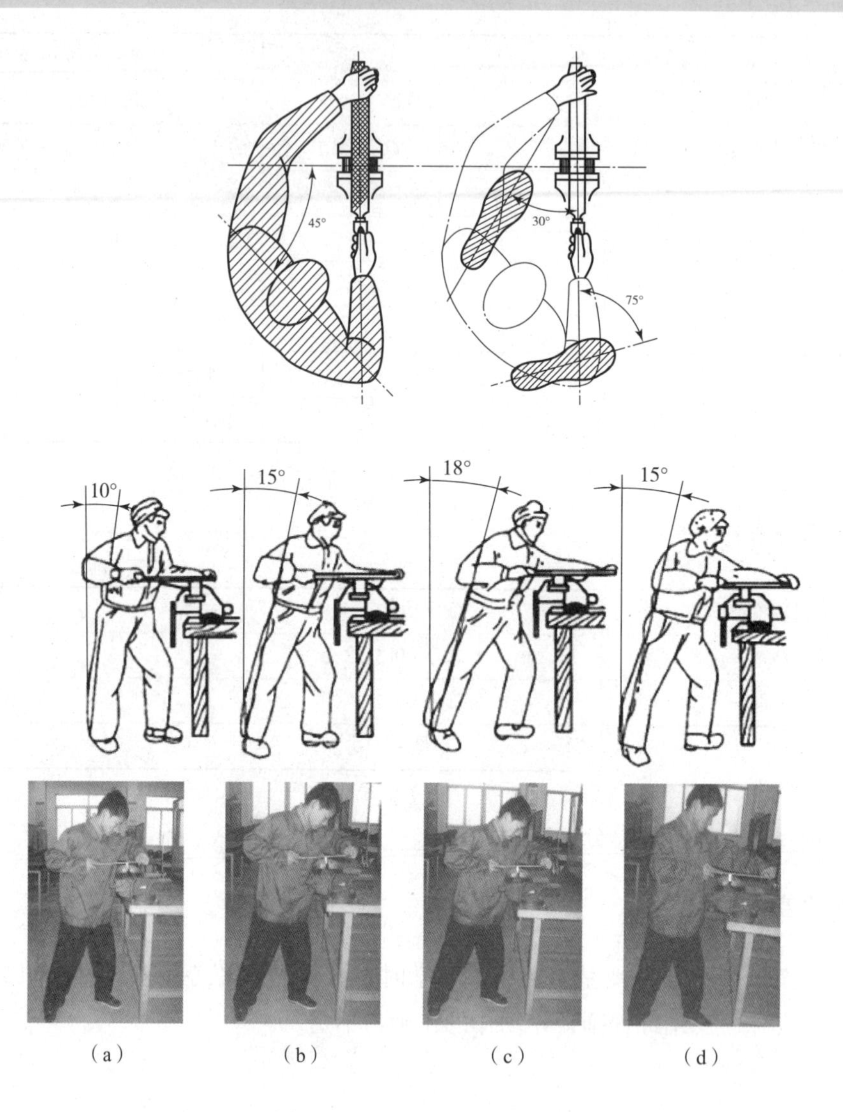

图 2－2－7　锉削规范动作

(a) 开始时；(b) 前 1/3 行程；(c) 中间 1/3 行程；(d) 最后 1/3 行程

2. 锉削速度（或频率）一般为 10～20 m/min，精锉适当放慢，回程时稍快，动作要自然协调，这也是初学者的难点。分析为何精锉要适当放慢速度？

3. 分析锉削质量问题，填写下表：

锉削质量问题	可能产生的原因 （至少两个）	分析产品的加工工艺过程，从质量控制管理角度，给出解决办法（至少一个）
平面中凸		
对角扭曲或塌角		

4. 基准面作为加工控制其余各面时的尺寸、位置精确度和测量基准，故必须在达到其规定的平面要求后，才能加工其他面。结合划线基准的选择原则，试分析图 2-2-8 所示零件图如何选择划线基准？并简述其划线步骤及过程。

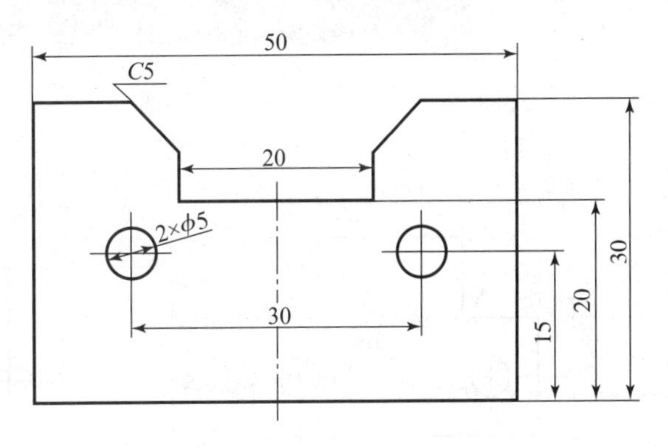

图 2-2-8 锉削零件图

5. 在图 2-2-9 所示钣金锤锉削加工中，我们选择的毛坯料是 1 000 mm × ϕ35 mm 的圆钢，试分析如果该钣金锤是大批量工厂化生产，从提高生产效率的角度分析，毛坯该如何选？

图 2-2-9 钣金锤

任务三　锉配件的制作

一、锉配件

锉配件实物图与工程图如图 2－3－1 和图 2－3－2 所示。

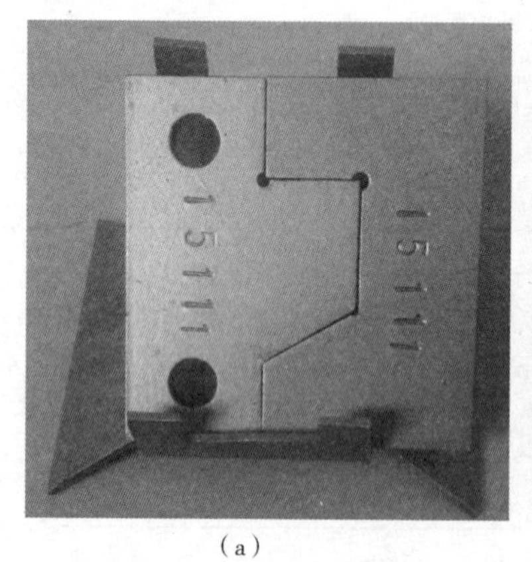
（a）

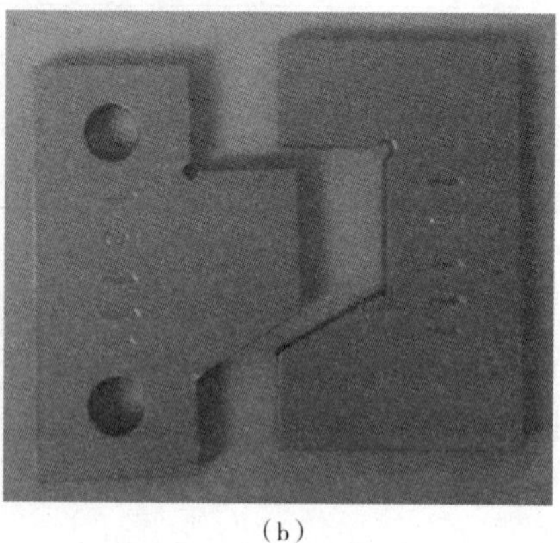
（b）

图 2－3－1　锉配件实物图

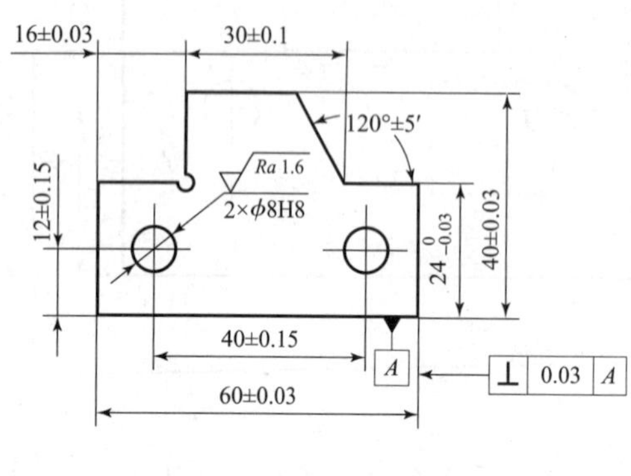

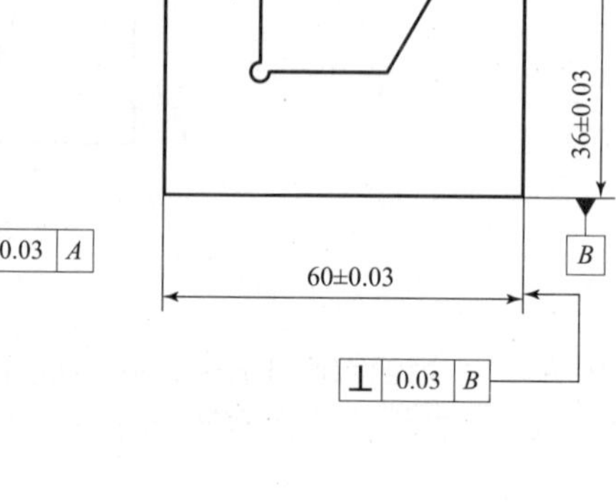

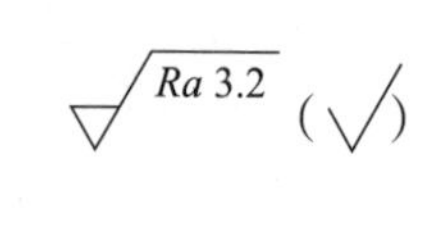

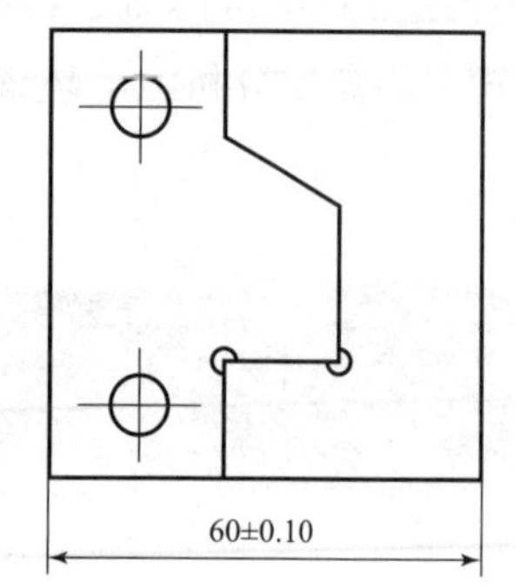

技术要求：

1.凸件为基准，凹件为配作；

2.配合间隙≤0.06 mm，

配合后两侧错位≤0.08 mm；

3.锐边去毛刺，孔口倒角C0.5。

图 2－3－2　锉配件工程图

学习目标	知识目标	➢ 掌握锉配加工基本原则 ➢ 掌握万能角度尺的使用方法 ➢ 掌握锉配间隙的测量方法 ➢ 掌握铰孔工艺流程以及尺寸精度检测方法 ➢ 了解各种锉配形状及加工工艺
	能力目标	➢ 能够完成小组工作区域的日常 6S 管理 ➢ 能分析图纸语言 ➢ 能够充分表达工艺过程 ➢ 能够正确使用钻床铰孔 ➢ 能够熟练使用手动工具、检测量具

二、任务实施

步骤一　锯割下料

材质 Q235，板厚 $t=5$ mm，尺寸 80 mm × 62 mm。

步骤二　锉削

序号	工艺步骤	图　形
1	检查毛坯	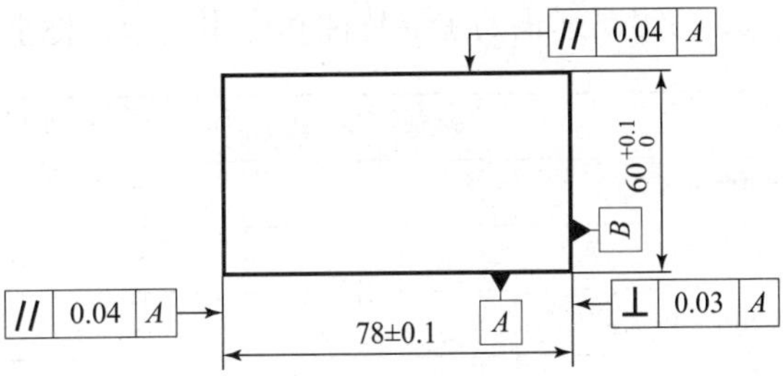
2	锉削基准 *A*	
3	锉削基准 *B* 与基准 *A* 垂直	
4	锉削尺寸（60 +0.1）mm 与基准 *A* 平行	
5	锉削尺寸（78 ±0.1）mm 与基准 *B* 平行	
6	检查、去毛刺	

知识问答：

1. 根据图形尺寸计算质量。（碳素钢密度 7.85 kg/dm^3）

2. 解释图中形位公差平行度、垂直度的含义。

3. 加工过程中需要什么检测工具？

4. 錾切厚板料时，可先钻出密集的排孔，再放在铁砧上錾切。錾切直线时，应采用________。

A. 窄錾　　B. 宽錾　　C. 油槽錾

5. 铰孔的切削速度比钻孔切削速度________。

A. 大　　B. 小　　C. 相等

6. 写出高速钢的主要特性和应用领域，标准为 DIN EN ISO 4957（查表）。

标记	硬度	淬火温度	淬火介质	回火温度	应用举例
HS6-5-2C					
HS6-5-2-5					
HS10-4-3-10					
HS-9-2					

检查与评价：

TPM 过程检查			标准：采用 10~0 分	
序号	零件名称	检查项目	教师评分	备注
1	梯形样板	按照加工工艺顺序正确加工		
2		表面粗糙度符合专业要求		
3		实训过程 6S 规范		
4		安全操作文明		
		小计分		
	总分 =	小计分 ×2.5		

工件检查						标准：采用10～0分			
序号	零件名称	检查项目	学生自评			教师测评			教师评分
			实际尺寸	达到要求		实际尺寸	达到要求		
				是	否		是	否	
1	梯形样板	(78±0.1) mm							
2		(60+0.1) mm							
3		垂直度0.03 mm							
4		平行度0.04 mm							
5		平行度0.04 mm							
						小计分			
					总分＝	小计分×2			

理论检查			标准：采用10～0分	
序号	检查项目		教师评分	备注
1	计算题			
2	名词解释			
3	问答题			
4	选择题			
5	选择题			
6	填表题			
		小计分		
	总分＝	小计分/0.6		

项目分值计算：

TPM过程检查＝	总分×0.3	＝
工件检查＝	总分×0.5	＝
理论检查＝	总分×0.2	＝
	成绩＝	

步骤三　钻孔分解凹凸件

序号	工艺步骤	图形
1	根据图纸凸件划线	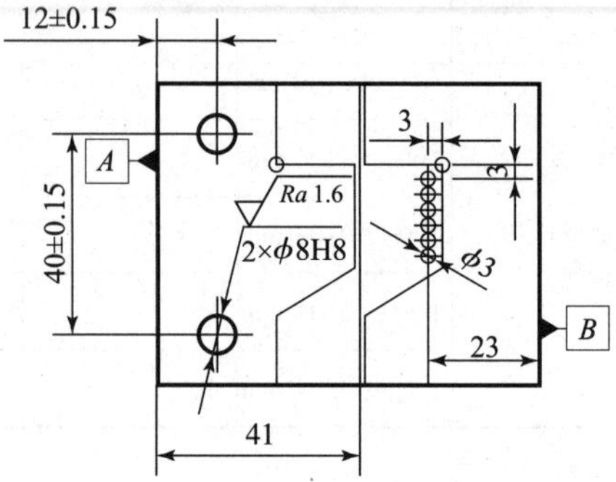
2	参考凸件尺寸，为凹件划线	
3	钻孔处打样冲	
4	钻孔 8 个，钻头 $\phi3$ mm	
5	钻孔 2 个，钻头 $\phi7.7$ mm	
6	铰孔 2 个，铰刀 $\phi8$H8 mm	
7	检查、去毛刺	
8	尺寸 41 mm 处锯割分解凹凸件	

知识问答：

1. 选择切削参数、计算转速。

材料	刀具 HSS	切削速度/（m·min^{-1}）	进给量/（mm·r^{-1}）	转速/（γ·min^{-1}）
Q235	钻头 $\phi3$ mm			
Q235	钻头 $\phi7.7$ mm			
Q235	铰刀 $\phi8$H8 mm			

2. 怎样加工才能保证两个 $\phi8$H8 mm 孔的位置度？

3. $\phi3$ mm 孔的性质和作用是什么？

4. 手动铰孔时的注意事项是什么？（至少列举三项）

5. 在机用铰刀铰孔时，当铰孔完毕，应________。

A. 先退刀再停机　　　　B. 先停机再退刀　　　　C. 先退刀

检查与评价：

TPM 过程检查			标准：采用 10 ~ 0 分	
序号	零件名称	检查项目	教师评分	备注
1	梯形样板	按照加工工艺顺序正确加工		
2		钻床操作程序正确		
3		锯割直线度应符合专业要求		
4		实训过程 6S 规范		
5		安全操作文明		
		小计分		
	总分 =	小计分 ×2		

工件检查						标准：采用 10 或 0 分			
序号	零件名称	检查项目	学生自评			教师测评			教师评分
			实际尺寸	达到要求		实际尺寸	达到要求		
				是	否		是	否	
1	梯形样板	(40 ±0.15) mm							
2		(12 ±0.15) mm							
3		ϕ8H8 mm							
						小计分			
					总分 =	小计分/0.6			

理论检查		标准：采用 10 ~ 0 分	
序号	检查项目	教师评分	备注
1	填表题		
2	问答题		
3	问答题		
4	问答题		
5	选择题		
	小计分		
总分 =	小计分 ×2		

项目分值计算：

TPM 过程检查 =	总分 ×0.3	=
工件检查 =	总分 ×0.5	=
理论检查 =	总分 ×0.2	=
	成绩 =	

步骤四　凸件锉削

序号	工艺步骤	图　形
1	锉削锯割面至尺寸（40 ±0.03）mm	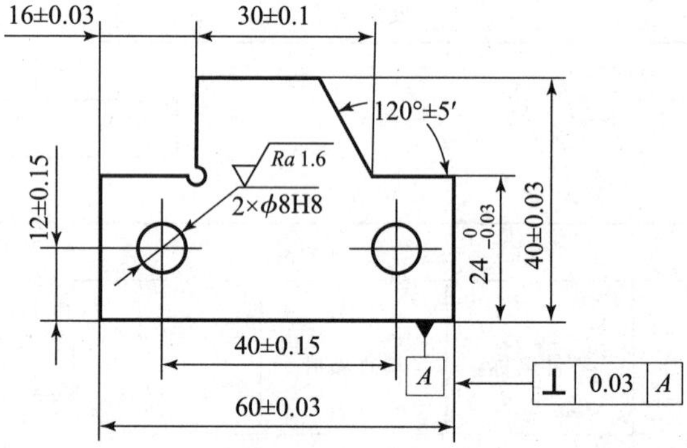
2	锯割去除多余材料，留锉削余量	
3	粗、精锉削台阶至尺寸 $24_{-0.03}^{0}$ mm、（16 ±0.03）mm	
4	粗、精锉削台阶 $24_{-0.03}^{0}$ mm、120°角	
5	检查、去毛刺	

知识问答：

1. 计算 120°斜线长度。

2. 计算台阶封闭环极限尺寸及公差。

3. 标注如图 2－3－3 所示万能角度尺各部件名称。

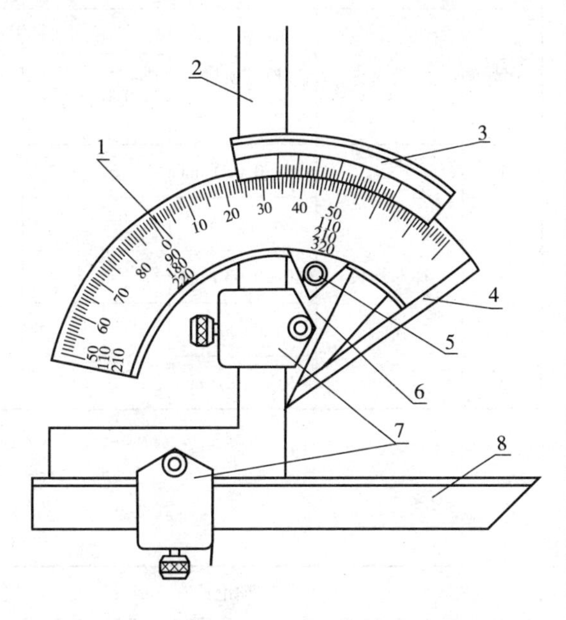

图 2－3－3 万能角度尺

4. 简述万能角度尺的使用方法。

检查与评价：

TPM 过程检查			标准：采用 10～0 分	
序号	零件名称	检查项目	教师评分	备注
1	梯形样板	按照加工工艺顺序正确加工		
2		锯割姿势正确		
3		锉削表面粗糙度符合专业要求		
4		实训过程 6S 规范		
5		安全操作文明		
		小计分		
	总分 =	小计分 ×2		

工件检查						标准：采用 10 或 0 分			
序号	零件名称	检查项目	学生自评			教师测评			教师评分
			实际尺寸	达到要求		实际尺寸	达到要求		
				是	否		是	否	
1	梯形样板	(16 ±0.03) mm							
2		$24_{-0.03}^{0}$ mm							
3		(40 ±0.03) mm							
4		120° ±5′							
5		(30 ±0.1) mm							
						小计分			
					总分 =	小计分 ×2			

理论检查		标准：采用 10 ~0 分	
序号	检查项目	教师评分	备注
1	计算题		
2	计算题		
3	名词标注		
4	简述题		
	小计分		
	总分 = 小计分 ×2.5		

项目分值计算：

TPM 过程检查 =	总分 ×0.3	=
工件检查 =	总分 ×0.5	=
理论检查 =	总分 ×0.2	=
	成绩 =	

步骤五 凹件锉削

序号	工艺步骤	图形
1	锉削锯割面至尺寸（36 ±0.03）mm	
2	锯割去除多余材料留锉削余量	
3	锉削直边至尺寸（16 ±0.03）mm（参考凸件尺寸）	
4	以凸件为准锉配 120°角	
5	精修配合间隙	
6	检查、去毛刺	

知识问答：

1. 錾削过程中錾子刃口崩裂一般是什么原因造成的？

2. 錾削的工作范围主要是去除毛坯上的凸缘、毛刺、________、________及油槽等。

3. 简述检测配合间隙的方法及主要测量工具。

4. 所有的切削加工方法中，最重要的因素是什么？

检查与评价：

<table>
<tr><th colspan="3">TPM 过程检查</th><th colspan="2">标准：采用 10 ~ 0 分</th></tr>
<tr><th>序号</th><th>零件名称</th><th>检查项目</th><th>教师评分</th><th>备注</th></tr>
<tr><td>1</td><td rowspan="5">梯形样板</td><td>按照加工工艺顺序正确加工</td><td></td><td></td></tr>
<tr><td>2</td><td>錾削姿势正确</td><td></td><td></td></tr>
<tr><td>3</td><td>锉削表面粗糙度符合专业要求</td><td></td><td></td></tr>
<tr><td>4</td><td>实训过程 6S 规范</td><td></td><td></td></tr>
<tr><td>5</td><td>安全操作文明</td><td></td><td></td></tr>
<tr><td colspan="2"></td><td>小计分</td><td></td><td></td></tr>
<tr><td colspan="2">总分 =</td><td>小计分 ×2</td><td></td><td></td></tr>
</table>

<table>
<tr><th colspan="6">工件检查</th><th colspan="4">标准：采用 10 或 0 分</th></tr>
<tr><th rowspan="3">序号</th><th rowspan="3">零件名称</th><th rowspan="3">检查项目</th><th colspan="3">学生自评</th><th colspan="3">教师测评</th><th rowspan="3">教师评分</th></tr>
<tr><th rowspan="2">实际尺寸</th><th colspan="2">达到要求</th><th rowspan="2">实际尺寸</th><th colspan="2">达到要求</th></tr>
<tr><th>是</th><th>否</th><th>是</th><th>否</th></tr>
<tr><td>1</td><td rowspan="3">梯形样板</td><td>（36 ±0.03） mm</td><td></td><td></td><td></td><td></td><td></td><td></td><td></td></tr>
<tr><td>2</td><td>配合间隙≤0.06 mm</td><td></td><td></td><td></td><td></td><td></td><td></td><td></td></tr>
<tr><td>3</td><td>错位量≤0.08 mm</td><td></td><td></td><td></td><td></td><td></td><td></td><td></td></tr>
<tr><td colspan="6"></td><td>小计分</td><td colspan="2"></td><td></td></tr>
<tr><td colspan="5"></td><td>总分 =</td><td>小计分/0.6</td><td colspan="3"></td></tr>
</table>

<table>
<tr><th colspan="2">理论检查</th><th colspan="2">标准：采用 10 ~ 0 分</th></tr>
<tr><th>序号</th><th>检查项目</th><th>教师评分</th><th>备注</th></tr>
<tr><td>1</td><td>问答题</td><td></td><td></td></tr>
<tr><td>2</td><td>填空题</td><td></td><td></td></tr>
<tr><td>3</td><td>简述题</td><td></td><td></td></tr>
<tr><td>4</td><td>问答题</td><td></td><td></td></tr>
<tr><td></td><td>小计分</td><td></td><td></td></tr>
<tr><td>总分 =</td><td>小计分 ×2.5</td><td></td><td></td></tr>
</table>

项目分值计算：

TPM 过程检查 =	总分 ×0.3	=
工件检查 =	总分 ×0.5	=
理论检查 =	总分 ×0.2	=
	成绩 =	

锉配板项目成绩 = 步骤总分 ÷4 = ________。

总结与提高：

1. 图 2 –3 –4 所示为错误使用游标卡尺测量工件尺寸，请指出其错误的地方。请写出为避免测量误差，你在使用游标卡尺前的校正步骤。

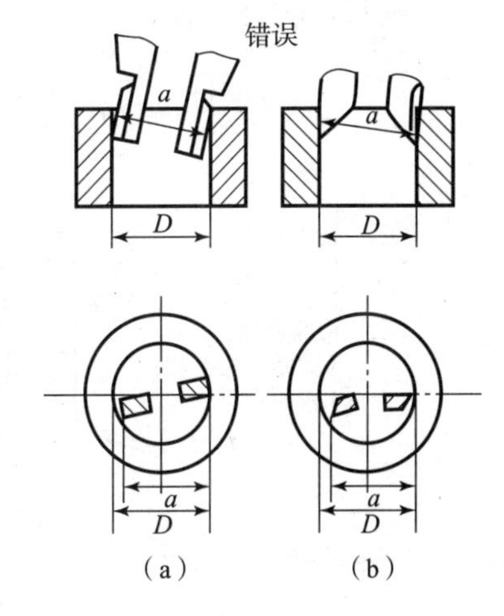

图 2 –3 –4　游标卡尺工件测量

2. 重新分析梯形样板副零件的锉配工艺步骤二 ~ 五，请按引导问题归纳至少两个以上工艺制定注意事项。

（1）锉配加工的原则：先加工（　　　），后加工（　　　）。

（2）按尺寸（　　　）公差加工的原则。

（3）划线时要注意以（　　　）为基准，并根据（　　　）图纸划线。

（4）做配合修锉时，用（　　　）和（　　　）法确定其修锉部位与余量，逐步达到正确配合要求。

任务四　钣金锤展示支架制作

一、钣金锤展示支架图片

钣金锤展示支架如图 2 –4 –1 所示。

图 2－4－1　钣金锤展示支架

二、钣金锤展示支架简图

钣金锤展示支架工程图如图 2－4－2 所示。

材料：Q235，板厚：$s=2$ mm，90°弯曲半径：$r=2.5$ mm。

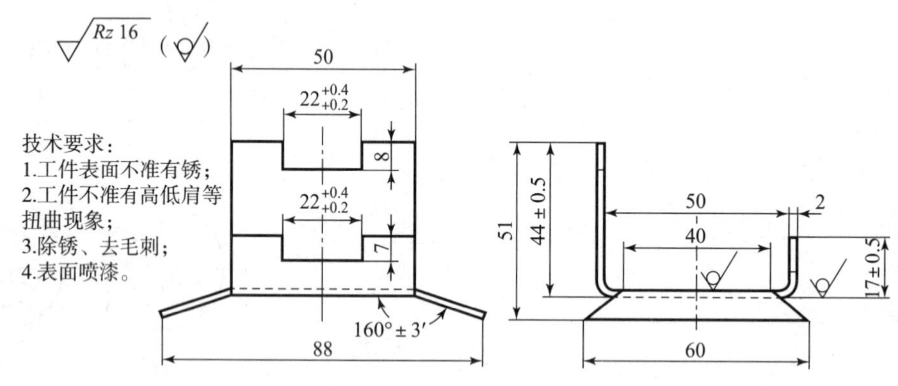

图 2－4－2　钣金锤展示支架工程图

学习目标	知识目标	➢ 掌握弯曲变形展开计算方法 ➢ 掌握展开绘图方法 ➢ 掌握弯曲变形工具的应用方法 ➢ 掌握弯曲变形过程中的安全知识 ➢ 了解其他变形方式
	能力目标	➢ 能正确使用个人安全用品 ➢ 能根据图纸计算展开尺寸 ➢ 能通过展开图正确下料 ➢ 能够正确锉削工件尺寸 ➢ 能够利用工具完成弯曲变形工件

三、任务实施

步骤一

序号	工艺步骤	图　　形
1	计算展开尺寸	
2	根据展开尺寸下料（留加工余量）	
3	锉削相邻两边作为划线基准	
4	检查、去毛刺	

步骤二

序号	工艺步骤	图　　形
1	以锉削面为基准画展开图	
2	根据展开图去除多余材料（留锉削余量）	
3	锉削至图纸尺寸	
4	检查、去毛刺	

步骤三

序号	工艺步骤	图　　形
1	划 60 mm 尺寸中心线	
2	与模具中心线对齐夹紧	
3	折弯尺寸 17 mm 边至 90°	
4	检查	

步骤四

序号	工艺步骤	图　形
1	掉头装夹	
2	折尺寸 44 mm 至 90°	
3	检查	

步骤五

序号	工艺步骤	图　形
1	虎钳装夹梯形部分	
2	折边至 160°	
3	同样方法折另一边	
4	去毛刺、检查	
5	表面做防锈处理	

知识问答：

1. 根据图纸要求计算展开尺寸：毛坯长、宽。

2. 简述工艺过程。

3. 我们根据成形力的种类和方向以及所使用的工具，将成形加工分为弯曲成形、________、________和________等几大组。

4. 常用钢材的弯曲半径如果________工件材料厚度，一般就不会被弯裂。

A. 等于　　B. 小于　　C. 大于

5. 计算弯形前的毛坯长度时，应该按________的长度计算。

A. 外层　　B. 内层　　C. 中性层

6. 钢材的最小弯曲半径，板材 = ________，管材 = ________。

7. 按 1∶2 比例绘制展开图。

检查与评价：

TPM 过程检查			标准：采用 10 ~0 分	
序号	零件名称	检查项目	教师评分	备注
1	钣金锤展示支架	操作工艺顺序正确		
2		表面状态符合专业要求		
3		实训过程 6S 规范		
4		安全操作文明		
		小计分		
	总分 =	小计分 ×2.5		

工件检查						标准：采用 10 或 0 分			
序号	零件名称	检查项目	学生自评			教师测评			教师评分
			实际尺寸	达到要求		实际尺寸	达到要求		
				是	否		是	否	
1	钣金锤展示支架	(44 ±0.5) mm							
2		(17 ±0.5) mm							
3		160° ±3′							
4		$22^{+0.4}_{+0.2}$ mm							
						小计分			
					总分 =	小计分 ×1.25			

理论检查		标准：采用10～0分	
序号	检查项目	教师评分	备注
1	计算展开尺寸		
2	简述工艺过程		
3	填空题		
4	选择题		
5	选择题		
6	填空题		
7	绘制展开图		
	小计分		
总分＝	小计分/0.7		

项目分值计算：

TPM过程检查＝	总分×0.3	＝
工件检查＝	总分×0.5	＝
理论检查＝	总分×0.2	＝
	成绩＝	

成果展示

一、实训项目考评成绩

项目 评价	任务一 权重0.1	任务二 权重0.5	任务三 权重0.3	任务四 权重0.1	总成绩
任务成绩					
权重成绩					

二、实训项目总结

实训 总结	

成果推介 （优秀作品展示）	

拓展训练

一、锉配训练任务

1. 按图 2－4－3 要求锉配工件。

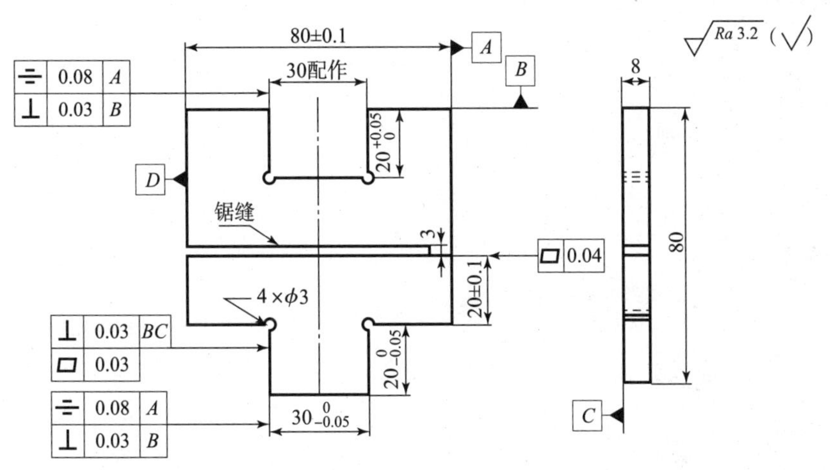

图 2－4－3　锉配件图纸

2. 简述锉配工艺。

二、折弯变形训练任务

1. 按图纸要求加工工件（图 2-4-4）。

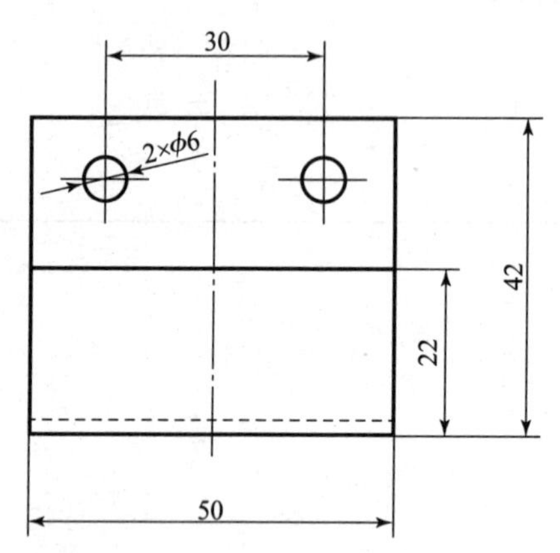

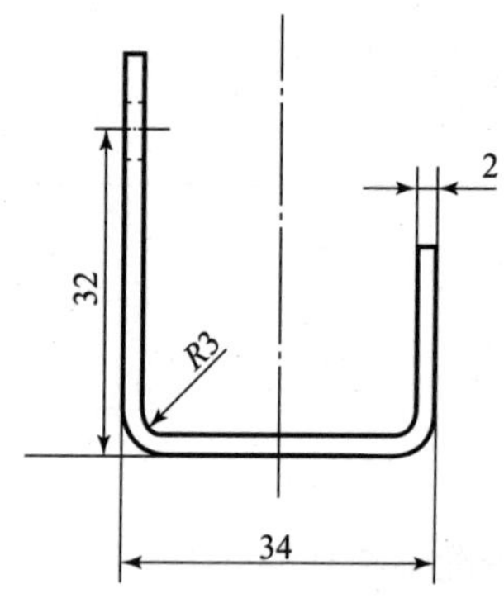

图 2-4-4　折弯变形件图纸

2. 计算展开尺寸。

三、根据锉配实训内容填写梯形样板工艺卡

中德技术学院	机械加工工艺过程卡	产品名称	产品型号	零件名称	零件图号	第 1 页
		梯形样板				共 1 页

每台件数	材料牌号	材料规格	毛坯种类	毛坯规格	每件毛坯质量	每件零件质量	过程工时定额/h	备注
	Q235							

工序号	工序名称	工序内容	设备名称	工艺装备				工序执行审查	
				夹具名称及编号	刀具名称及编号	量具名称及编号	工具名称及编号	检查	签名

班级		姓名		学号		编制		日期		评定		会签		日期	

附录 高级钳工理论与技能考试

一、高级钳工知识试卷 A

（一）单项选择（第 1 ~ 80 题，选择一个正确的答案，将相应的字母填入题内的括号中。每题 1 分，满分 80 分。）

1. 钻床夹具为防止刀具发生倾斜，在结构上都设置安装（　　）的钻模板。

A. 钻套　　B. 销轴　　C. 螺母　　D. 夹装器

2. 钢处理后得到马氏体组织是（　　）热处理工艺。

A. 正火　　B. 退火　　C. 回火　　D. 淬火

3. 当限压式变量叶片泵的输出压力高于调定值时，则（　　）。

A. 偏心距自动增大　　B. 偏心距自动减小

C. 偏心距不变　　D. 输出量自动增加

4. 当液压系统需要两种以上不同压力时可采用（　　）。

A. 压力保持回路　　B. 减压回路　　C. 多级压力回路　　D. 增压回路

5. 立体划线选择（　　）划线基准。

A. 一个　　B. 两个　　C. 三个　　D. 四个

6. 特大型零件划线一般只需经过一次吊装，找正即完成零件的全部划线采用（　　）。

A. 零件移位法　　B. 平台接出法　　C. 平尺调整法　　D. 拉线与吊线法

7. 广泛用于钢和铸铁工件的显示剂是（　　）。

A. 蓝油　　B. 红丹粉　　C. 红墨水　　D. 碳素墨水

8. 经过研磨后工件的尺寸精度可达到（　　）mm。

A. 0.1 ~ 0.5　　B. 0.01 ~ 0.05

C. 0.001 ~ 0.005　　D. 0.000 1 ~ 0.000 5

9. 研具材料比被研磨的工件（　　）。

A. 硬　　B. 软

C. 软硬均可　　D. 可能软也可能硬

10. 按抗振能力比较，高速机械的转子采用（　　）轴承最好。

A. 圆柱形　　B. 椭圆　　C. 对开式　　D. 可倾瓦式

11. 螺纹防松装置属摩擦力防松的是（　　）。

A. 开口销与槽母　　B. 止动垫圈　　C. 锁紧螺母　　D. 串钢丝

12. 紧键连接的工作面是（　　）。

A. 上下面　　B. 两侧面　　C. 端面　　D. 全部面

13. 过盈连接的配合表面其粗糙度一般要求达到（　　）。

A. *Ra*0. 8　　B. *Ra*1. 6　　C. *Ra*3. 2　　D. *Ra*6. 3

14. 渐开线圆柱齿轮安装，接触斑点处于同向偏接触，其原因是两个齿轮（　　）。

A. 轴线歪斜　　B. 轴线不平行　　C. 中心距太大　　D. 中心距太小

15. 两圆锥齿轮同向偏接触，原因是交角误差，调整方法必要时（　　）。

A. 小齿轮轴向移出　　B. 小齿轮轴向移进

C. 调换零件　　D. 修刮轴瓦

16. 两圆锥齿轮异向偏接触，原因是两轴线（　　）所致。

A. 不平行　　B. 不垂直　　C. 偏移　　D. 交角大

17. 蜗杆传动齿侧间隙检查，一般用（　　）测量。

A. 铅线　　B. 百分表　　C. 塞尺　　D. 千分尺

18. 丝杠轴线必须和基准面（　　）。

A. 平行　　B. 垂直　　C. 倾斜　　D. 在同一平面内

19. 内柱外锥式轴承装配，将外套压入箱体孔中，其配合为（　　）。

A. H8/h7　　B. H7/r6　　C. H9/c9　　D. H8/f 7

20. 对于精密轴承部件装配，可用（　　）进行轴承预紧的测量。

A. 凭感觉　　B. 弹簧测量装置　　C. 重块　　D. 工具

21. 加工硬材料时，为保证钻头刀刃强度，可将靠近外缘处（　　）磨小。

A. 前角　　B. 后角　　C. 顶角　　D. 螺旋角

22. 扩孔加工质量比钻孔高，扩孔时进给量为钻孔的（　　）倍。

A. 1/2 ~ 1/3　　B. 1. 5 ~ 2　　C. 2 ~ 3　　D. 3 ~ 4

23. 钻精密孔钻头磨出负（　　），一般取 $\lambda_s = -15° \sim -10°$，使切屑流向未加工面。

A. 前角　　B. 后角　　C. 顶角　　D. 刃倾角

24. 评定机械振动水平时的测定点位置总是在（　　）上。

A. 基础　　B. 轴　　C. 基座　　D. 管子

25. 内燃机按所用燃料分类，可分为柴油机、汽油机、煤气机和（　　）四种。

A. 活塞式　　B. 转子式　　C. 涡轮式　　D. 沼气机

26. （　　）是内燃机中将热能变为机械能的主要机构。

A. 配气机构　　B. 曲轴连杆机构　　C. 机体组成　　D. 启动系统

27. 定位基准相对于夹具上定位元件的起始基准发生位移而产生的定位误差是（　　）。

A. 定位误差　　B. 定位副不准确误差

C. 基准不重合误差　　D. 尺寸误差

28. 在表面粗糙度的评定参数中，轮廓算术平均偏差代号是（　　）。

A. Ra　　B. Rx　　C. Ry　　D. Rz

29. 压装齿轮时要尽量避免齿轮偏心歪斜和端面未贴紧轴肩等（　　）误差。

A. 尺寸　　B. 形状　　C. 位置　　D. 安装

30. 运动副的载荷和压强超大，应选用黏度（　　）或油性好的润滑油。

A. 小　　B. 大　　C. 中等　　D. 很低

31. 在其他组成环不变的条件下，当某组成环增大时，封闭环随之减小，那么该组成环称为（　　）。

A. 封闭环　　B. 增环　　C. 减环　　D. 不变环

32. 所谓（　　）是指会对人的心理和精神状态产生不利影响的声音。

A. 声压级　　B. 响度级　　C. 噪声　　D. 频率

33. 退火、正火可改善铸件的切削性能，一般安排在（　　）之后进行。

A. 毛坯制造　　B. 粗加工　　C. 半精加工　　D. 精加工

34. 丝杠的回转精度是指丝杠的径向跳动和（　　）的大小。

A. 同轴度　　B. 轴的配合间隙　　C. 轴向窜动　　D. 径向间隙

35. 一般（　　）加工可获得尺寸精度等级为 IT6 ~ IT5，表面粗糙度为 0.8 ~ 0.2 μm。

A. 车削　　B. 刨削　　C. 铣削　　D. 磨削

36. 毛坯工件通过找正后划线，可使加工表面与不加工表面之间保持（　　）。

A. 尺寸均匀　　B. 形状正确　　C. 位置准确　　D. 尺寸不均匀

37. 任何工件在空间，不加任何约束，都有（　　）自由度。

A. 三个　　B. 四个　　C. 六个　　D. 八个

38. 在单件生产和修配工作中，需铰削非标准孔应选用（　　）手铰刀。

A. 整体圆柱　　B. 螺旋槽　　C. 圆锥　　D. 可调节

39. 物体做匀速圆周运动时的加速方向是（　　）的。

A. 指向圆心　　B. 背离圆心　　C. 沿切向　　D. 径向

40. 双头螺柱与机体螺纹连接，其轴心线必须与机体表面垂直，可用（　　）检查。

A. 角尺　　B. 百分表　　C. 游标卡尺　　D. 块规

41. 缩短机动时间的措施是（　　）。

A. 提高切削用量　　B. 采用先进夹具

C. 采用定程装置　　D. 采用快换刀具装置

42. 套类零件以孔为定位基准，安装在张力芯轴上精加工，可保证内外表面（　　）。

A. 形状精度　　B. 同轴度

C. 垂直度　　D. 位置度

43. 粗研磨时，配制 200 g 研磨剂时，硬脂酸要加入（　　）g。

A. 8　　B. 18　　C. 28　　D. 38

44. 齿轮接触精度主要指标是接触斑点，一般传动齿轮在轮齿高度上接触斑点不少于（　　）。

A. 20% ~25%　　B. 30% ~50%　　C. 60% ~70%　　D. 75% ~85%

45. 使用钻床工作结束后，将横臂调整到（　　）位置，主轴箱靠近立柱并且要夹紧。

A. 最低　　B. 最高　　C. 中间　　D. 任意

46. 增加主要定位支承的定位刚性和稳定性的支承称（　　）。

A. 支承钉　　B. 支承板　　C. 可调支承　　D. 自位支承

47. 含碳量大于0.60%的钢是（　　）。

A. 低碳钢　　B. 中碳钢　　C. 高碳钢　　D. 合金钢

48. 过盈连接配合表面的加工精度要求较高，否则（　　）。

A. 加工困难　　B. 装配困难　　C. 加工容易　　D. 装配容易

49. 长方体工件定位，止推定位基准面上应布置（　　）个支承点。

A. 一　　B. 二　　C. 三　　D. 四

50. 当双头螺栓旋入材料时，其过盈量要适当（　　）。

A. 大些　　B. 小些　　C. 跟硬材料一样　　D. 过大些

51. 脚踏启动属于（　　）。

A. 人力启动　　B. 电力启动

C. 压缩空气启动　　D. 汽油机启动

52. 三视图的投影规律，长对正指的是（　　）两个视图。

A. 主、左　　B. 主、右　　C. 主、俯　　D. 俯、左

53. 钢丝绳破断的主要原因是（　　）。

A. 超载　　B. 穿绕次数多　　C. 滑轮直径小　　D. 工作类型

54. 直接影响丝杠螺母传动准确性的是（　　）。

A. 径向间隙　　B. 同轴度　　C. 径向跳动　　D. 轴向间隙

55. 用来将旋转运动变为直线运动的机构叫（　　）。

A. 蜗轮机构　　B. 螺旋机构　　C. 带传动机构　　D. 链传动机构

56. 轴瓦与轴承座盖的装配，薄壁轴瓦不便修刮，应进行（　　）。

A. 选配　　B. 锉配　　C. 调整　　D. 不加修理

57. 钻床夹具是在钻床上用来（　　）、扩孔、铰孔的机床夹具。

A. 攻丝　　B. 钻孔　　C. 研磨　　D. 冲压

58. 机床空运转试验各操纵手柄操作力不应超过（　　）kg。

A. 5　　B. 8　　C. 16　　D. 20

59. 在斜面上钻孔时应（　　），然后再钻孔。

A. 电焊解平　　B. 铣出一个平面

C. 锯出一个平面　　D. 用榔头敲出一个平面

60. 螺纹公差带的位置由（　　）确定。

A. 极限偏差　　B. 公差带　　C. 基本偏差　　D. 基本尺寸

61. 多段拼接的床身接合面有渗油、漏油，若用（　　）mm 厚度塞尺塞入时就应修理。

A. 0.04　　B. 0.08　　C. 0.12　　D. 0.2

62. 对蜗杆箱体上的蜗杆轴孔中心线与蜗轮轴孔中心线间的（　　）和垂直度要进行检查。

A. 平行度　　B. 同轴度　　C. 中心距　　D. 位置度

63. 几个支承点重复限制同一个自由度叫（　　）。

A. 完全定位　　B. 不完全定位　　C. 过定位　　D. 欠定位

64. 丝杠螺母副应有较高的配合精度，有准确的配合（　　）。

A. 过盈　　B. 间隙　　C. 径向间隙　　D. 轴向间隙

65. 螺纹旋合长度分为三组，其中短旋合长度的代号是（　　）。

A. L　　B. N　　C. S　　D. H

66. 液体动压轴承是指运转时（　　）的滑动轴承。

A. 半干摩擦　　B. 混合摩擦　　C. 纯液体摩擦　　D. 干摩擦

67. 机器运行包括试车和（　　）两个阶段。

A. 停车　　B. 启动　　C. 正常运行　　D. 修理

68. 内燃机供油系统的作用是向气缸供给（　　）和燃料。

A. 汽油　　B. 柴油　　C. 空气　　D. 氧气

69. 看装配图分析零件，主要是了解它的（　　）和作用，弄清部件的工作原理。

A. 结构形状　　B. 技术要求

C. 尺寸大小　　D. 明细表

70. 装配图的读法，首先是看（　　），并了解部件的名称。

A. 明细表　　B. 零件图

C. 标题栏　　D. 技术文件

71. 双头螺柱与机体螺纹连接，其紧固端应当采用过渡配合后螺纹（　　）有一定的过盈量。

A. 中径　　B. 大径　　C. 小径　　D. 长度

72. 用压铅丝法检验齿侧间隙，铅丝被挤压后（　　）的尺寸为侧隙。

A. 最厚处　　B. 最薄处

C. 厚薄平均值　　D. 厚处一半

73. 对于几个方向都有孔的工件，为了减少装夹次数，提高各孔之间的位置精度，可采用（　　）夹具。

A. 盖板式　　B. 移动式　　C. 翻转式　　D. 回转式

74. 工件的外圆定位时，误差可分为三种情况：一是以外圆中心为设计基准，二是以外圆上母线为设计基准，三是（　　）。

A. 以外圆下母线为设计基准　　B. 以外圆下母线为划线基准

C. 以内圆下母线为设计基准　　D. 以内圆下母线为划线基准

75. 静压轴承在空载时两相对油腔压力相等，薄膜处于平直状态，轴浮在（　　）。

A. 上边　　B. 中间　　C. 下边　　D. 游动

76. 钻台阶孔时，为了保证同轴度，一般要用（　　）钻头。

A. 群钻　　B. 导向柱　　C. 标准麻花钻　　D. 双重顶角

77. 轴承内圈与主轴，轴承外圈与箱体孔装配时，采用定向装配方法是适用于（　　）。

A. 精度要求较低的主轴　　B. 精度要求一般的主轴

C. 精度要求较高的主轴　　D. 重载低速

78. 滚动轴承配合，轴和座孔的公差等级，根据轴承（　　）选择。

A. 尺寸段　　B. 种类　　C. 精度　　D. 承载力方向

79. 右轴承双向轴向固定，左端轴承可随轴游动，工作时不会发生（　　）。

A. 轴向窜动　　B. 径向移动　　C. 热伸长　　D. 振动

80. 蜗杆的轴心线应在蜗轮轮齿的（　　）面内。

A. 上　　B. 下　　C. 对称中心　　D. 齿宽右面

（二）判断题（第 81 ~ 100 题。将判断结果填入括号中。正确的填"√"，错误的填"×"。每题 1 分，满分 20 分。）

（　　）81. 全跳动和圆跳动是表示工件形状公差的。

（　　）82. 对照视图仔细研究部件的装配关系和工作原理，是读装配图的一个重要环节。

（　　）83. 磨削硬材料时，要选用较硬的砂轮；磨削软材料时，要选用较软的砂轮。

（　　）84. 自准直仪中像的偏移量由反射镜转角所决定，与反射镜到物镜的距离无关。

（　　）85. 粗刮是增加研点，改善表面质量，使刮削面符合精度要求。

（　　）86. 利用液压装拆圆锥面过盈连接时，轴向力大，配合面也易擦伤。

（　　）87. 对于蜗杆箱体要对蜗杆孔轴心线与蜗轮孔轴心线间的平行度和中心线进行检验。

（　　）88. 为了提高螺杆螺母副的精度，常采用消隙机构调整径向配合间隙。

（　　）89. 有些用背锥面作基准的圆锥齿轮，装配时只要将背锥面对齐对平，就可以保证两圆锥齿轮的正确装配位置。

（　　）90. 测微准直望远镜是用来提供一条测量用的光学基准视线。

（　　）91. 销在机械中除起到连接作用外，还可起定位作用和保险作用。

（　　）92. 滑动轴承的轴套与座孔采用过盈配合，装配时采用适当压入方法。

（　　）93. 读装配图时，首先应了解各零件的连接形式及装配关系。

(　　) 94. 当尺寸和过盈量较大的整体式滑动轴承装入机体孔时，应采用锤子敲入法。

(　　) 95. 油泵是将液压能转换成机械能的能量转换元件。

(　　) 96. 在使用夹具进行零件加工时，夹具的精度不影响工件的加工精度。

(　　) 97. 在装配钩头楔键时，必须使钩头紧贴套件端面，不要留有间隙。

(　　) 98. 液压系统控制阀有压力控制阀、流量控制阀和方向控制阀三大类。

(　　) 99. 经纬仪可用于测量机床回转工作台的分度误差。

(　　) 100. 测量噪声仪器使用前，必须对其做声压示值的准确校正。

二、高级钳工知识试卷 B

(一) 单项选择（选择一个正确的答案，将相应的字母填入题内的括号中。每题 1 分，共 80 分。)

1. 显示剂调和的稀稠应适当，粗刮时显示剂调得（　　）些。

A. 稀　　B. 稠　　C. 厚　　D. 薄

2. 刮花的目的一是美观，二是使滑动件之间造成良好的（　　）条件。

A. 润滑　　B. 接触　　C. 运动　　D. 空隙

3. 当磨钝标准相同时，刀具寿命越低，表示刀具磨损（　　）。

A. 越快　　B. 越慢　　C. 不变　　D. 很慢

4. 加工细长轴使用中心架或跟刀架的目的是增加工件的（　　）。

A. 强度　　B. 硬度　　C. 韧性　　D. 刚性

5. 改变输给电动机的三相电源相序，就可改变电动机的（　　）。

A. 转速　　B. 功率　　C. 旋转方向　　D. 电压

6. 畸形工件划线时，要求工件重心或工件与夹具的组合重心应落在支承面内，否则必须增加相应的（　　）。

A. 辅助支承　　B. 支承板

C. 支承钉　　D. 可调千斤顶

7. 在拧紧长方形布置的成组螺母时，应从（　　）开始。

A. 左边　　B. 右边　　C. 中间　　D. 前边

8. 用 FW125 分度头划线时，分度头手柄转一周，装夹在主轴上的工件转（　　）。

A. 1 周　　B. 20 周　　C. 40 周　　D. 1/40 周

9. 当加工孔需要依次进行钻、扩、铰多个工步时，一般选用（　　）钻套。

A. 固定　　B. 可换　　C. 快换　　D. 特殊

10. 为了保障人身安全，在正常情况下，电气设备的安全电压规定为（　　）以下。

A. 24 V　　B. 36 V　　C. 220 V　　D. 380 V

11. 钻床夹具为防止刀具发生倾斜，在结构上都设置带有（　　）的钻模板。

A. 钻套　　B. 销轴　　C. 螺母　　D. 夹装器

12. 钢热处理后得到马氏体组织的是（　　）热处理工艺。

A. 正火　　B. 退火　　C. 回火　　D. 淬火

13. 当液压系统需要两种以上不同压力时可采用（　　）。

A. 压力保持回路　　B. 减压回路　　C. 多级压力回路　　D. 增压回路

14. 立体划线选择（　　）划线基准。

A. 一个　　B. 两个　　C. 三个　　D. 四个

15. 特大型零件划线一般只需经过一次吊装找正后，即完成零件的全部划线，常采用（　　）。

A. 零件移位法　　B. 平台接出法

C. 平尺调整法　　D. 拉线与吊线法

16. 广泛用于研磨钢和铸铁工件的显示剂是（　　）。

A. 蓝油　　B. 红丹粉　　C. 红墨水　　D. 碳素墨水

17. 经过研磨后工件的尺寸精度可达到（　　）mm。

A. 0.1～0.5　　B. 0.01～0.05

C. 0.001～0.005　　D. 0.000 1～0.000 5

18. 研具材料的硬度应比被研磨工件的硬度（　　）。

A. 稍硬　　B. 稍软

C. 软硬均可　　D. 可能软也可能硬

19. 按抗振能力看，高速机械的转子采用（　　）轴承最好。

A. 圆柱形　　B. 椭圆　　C. 对开式　　D. 可倾瓦式

20. 下列螺纹防松装置中属附加摩擦力防松的是（　　）。

A. 开口销与槽母　　B. 止动垫圈　　C. 锁紧螺母　　D. 串钢丝

21. 紧键连接的工作面是（　　）。

A. 上下面　　B. 两侧面　　C. 端面　　D. 全部面

22. 过盈连接的配合表面，其粗糙度一般要求达到（　　）。

A. *Ra*0.8　　B. *Ra*1.6　　C. *Ra*3.2　　D. *Ra*6.3

23. 渐开线圆柱齿轮安装，接触斑点处于同向偏接触，其原因是两个齿轮（　　）。

A. 轴线歪斜　　B. 轴线不平行

C. 中心距太大　　D. 中心距太小

24. 蜗杆传动齿侧间隙检查，一般用（　　）测量。

A. 铅线　　B. 百分表　　C. 塞尺　　D. 千分尺

25. 丝杠轴线必须和基准面（　　）。

A. 平行　　B. 垂直　　C. 倾斜　　D. 在同一平面内

26. 内柱外锥式轴承装配，将外套压入箱体孔中，其配合为（　　）。

A. H8/h7　　B. H7/r6　　C. H9/c9　　D. H8/f7

27. 加工硬材料时，为保证钻头刀刃强度，可将靠近外缘处（　　）磨小。

A. 前角　B. 后角　C. 顶角　D. 螺旋角

28. 扩孔加工质量比钻孔高，扩孔时进给量为钻孔的（　　）倍。

A. 1/2～1/3　B. 1.5～2　C. 2～3　D. 3～4

29. 钻精密孔钻头磨出负（　　），一般取 $\lambda_s = -15° \sim -10°$，使切屑流向未加工面。

A. 前角　B. 后角　C. 顶角　D. 刃倾角

30. 评定机械振动水平时的测定点位置总是在（　　）上。

A. 基础　B. 轴　C. 基座　D. 管子

31. 内燃机按所用燃料分类，可分为柴油机、汽油机、煤气机和（　　）四种。

A. 活塞式　B. 转子式　C. 涡轮式　D. 沼气机

32. （　　）是内燃机中将热能变为机械能的主要机构。

A. 配气机构　B. 曲轴连杆机构

C. 机体组成　D. 启动系统

33. 定位基准相对于夹具上定位元件的起始基准发生位移而产生的定位误差是（　　）。

A. 定位误差　B. 定位副不准确误差

C. 基准不重合误差　D. 尺寸误差

34. 在表面粗糙度的评定参数中，轮廓算术平均偏差代号是（　　）。

A. *Ra*　B. *Rx*　C. *Ry*　D. *Rz*

35. 压装齿轮时要尽量避免齿轮偏心、歪斜和端面未贴紧轴肩等（　　）误差。

A. 尺寸　B. 形状　C. 位置　D. 安装

36. 运动副的载荷和压强越大，应选用黏度（　　）或油性好的润滑油。

A. 小　B. 大　C. 中等　D. 很低

37. 在其他组成环不变的条件下，当某组成环增大时，封闭环随之减小，那么该组成环称为（　　）。

A. 封闭环　B. 增环　C. 减环　D. 不变环

38. 所谓（　　）是指会对人的心理和精神状态受到不利影响的声音。

A. 声压级　B. 响度级　C. 噪声　D. 频率

39. 退火、正火可改善铸件的切削性能，一般安排在（　　）之后进行。

A. 毛坯制造　B. 粗加工

C. 半精加工　D. 精加工

40. 丝杠的回转精度是指丝杠的径向跳动和（　　）的大小。

A. 同轴度　B. 轴的配合间隙

C. 轴向窜动　D. 径向间隙

41. 一般（　　）加工可获得尺寸精度等级为 IT6～IT5，表面粗糙度为 0.8～0.2 μm。

A. 车削　B. 刨削　C. 铣削　D. 磨削

42. 毛坯工件通过找正后划线，可使加工表面与不加工表面之间保持（　　）。

A. 尺寸均匀　　B. 形状正确　　C. 位置准确　　D. 尺寸不均匀

43. 工件在空间不加任何约束，都有（　　）自由度。

A. 三个　　B. 四个　　C. 六个　　D. 八个

44. 在单件生产和修配工作中需铰削非标准孔，应选用（　　）手铰刀。

A. 整体圆柱　　B. 螺旋槽　　C. 圆锥　　D. 可调节

45. 双头螺柱与机体螺纹连接，其轴心线必须与机体表面垂直，可用（　　）检查。

A. 角尺　　B. 百分表　　C. 游标卡尺　　D. 块规

46. 缩短机动时间的措施是（　　）。

A. 提高切削用量　　B. 采用先进夹具

C. 采用定程装置　　D. 采用快换刀具装置

47. 套类零件以孔为定位基准，安装在张力芯轴上精加工，可保证内外表面的（　　）。

A. 形状精度　　B. 同轴度　　C. 垂直度　　D. 位置度

48. 粗研磨时，配制 200 g 研磨剂时，硬脂酸要加入（　　）g。

A. 8　　B. 18　　C. 28　　D. 38

49. 齿轮接触精度的主要指标是接触斑点，一般传动齿轮在轮齿高度上接触斑点不少于（　　）。

A. 20% ~25%　　B. 30% ~50%　　C. 60% ~70%　　D. 75% ~85%

50. 使用钻床工作结束后，将横臂调整到（　　）位置，主轴箱靠近立柱并且要夹紧。

A. 最低　　B. 最高　　C. 中间　　D. 任意

51. 增加主要定位支承的定位刚性和稳定性的支承称（　　）。

A. 支承钉　　B. 支承板　　C. 可调支承　　D. 自位支承

52. 含碳量大于 0.60% 的钢是（　　）。

A. 低碳钢　　B. 中碳钢　　C. 高碳钢　　D. 合金钢

53. 过盈连接配合表面的加工精度要求较高，否则（　　）。

A. 加工困难　　B. 装配困难　　C. 加工容易　　D. 装配容易

54. 长方体工件定位，止推定位基准面上应布置（　　）个支承点。

A. 一　　B. 二　　C. 三　　D. 四

55. 当双头螺栓旋入材料时，其过盈量要适当（　　）。

A. 大些　　B. 小些　　C. 跟硬材料一样　　D. 过大些

56. 脚踏启动属于（　　）。

A. 人力启动　　B. 电力启动　　C. 压缩空气启动　　D. 汽油机启动

57. 三视图的投影规律，长对正指的是（　　）两个视图。

A. 主、左　　B. 主、右　　C. 主、俯　　D. 俯、左

58. 钢丝绳破断的主要原因是（　　）。

A. 超载　B. 穿绕次数多
C. 滑轮直径小　D. 工作类型

59. 直接影响丝杠螺母传动准确性的是（　　）。
A. 径向间隙　B. 同轴度　C. 径向跳动　D. 轴向间隙

60. 用来将旋转运动变为直线运动的机构叫（　　）。
A. 蜗轮机构　B. 螺旋机构　C. 带传动机构　D. 链传动机构

61. 轴瓦与轴承座盖的装配，薄壁轴瓦不便修刮，应进行（　　）。
A. 选配　B. 锉配　C. 调整　D. 不加修理

62. 钻床夹具是在钻床上用来（　　）、扩孔、铰孔的机床夹具。
A. 攻丝　B. 钻孔　C. 研磨　D. 冲压

63. 机床空运转试验各操纵手柄操作力不应超过（　　）kg。
A. 5　B. 8　C. 16　D. 20

64. 在斜面上钻孔时应（　　），然后再钻孔。
A. 电焊解平　B. 铣出一个平面
C. 锯出一个平面　D. 用榔头敲出一个平面

65. 螺纹公差带的位置由（　　）确定。
A. 极限偏差　B. 公差带　C. 基本偏差　D. 基本尺寸

66. 多段拼接的床身接合面有渗油、漏油，若用（　　）mm 厚度塞尺塞入时就应修理。
A. 0.04　B. 0.08　C. 0.12　D. 0.2

67. 蜗杆箱体上的蜗杆轴孔中心线与蜗轮轴孔中心线间的（　　）和垂直度要进行检查。
A. 平行度　B. 同轴度　C. 中心距　D. 位置度

68. 几个支承点重复限制同一个自由度叫（　　）。
A. 完全定位　B. 不完全定位　C. 重复定位　D. 欠定位

69. 螺纹旋合长度分为三组，其中短旋合长度的代号是（　　）。
A. L　B. N　C. S　D. H

70. 液体动压轴承是指运转时（　　）的滑动轴承。
A. 半干摩擦　B. 混合摩擦
C. 纯液体摩擦　D. 干摩擦

71. 机器运行包括试车和（　　）两个阶段。
A. 停车　B. 启动　C. 正常运行　D. 修理

72. 内燃机供油系统的作用是向气缸供给（　　）和燃料。
A. 汽油　B. 柴油　C. 空气　D. 氧气

73. 用压铅丝法检验齿侧间隙，铅丝被挤压后（　　）的尺寸为侧隙。

A. 最厚处　　B. 最薄处　　C. 厚薄平均值　　D. 厚处一半

74. 对于几个方向都有孔的工件，为了减少装夹次数，提高各孔之间的位置精度，可采用（　　）夹具。

A. 盖板式　　B. 移动式　　C. 翻转式　　D. 回转式

75. 工件的外圆定位时，误差可分为三种情况：一是以外圆中心为设计基准，二是以外圆上母线为设计基准，三是（　　）。

A. 以外圆下母线为设计基准　　B. 以外圆下母线为划线基准

C. 以内圆下母线为设计基准　　D. 以内圆下母线为划线基准

76. 静压轴承在空载时两相对油腔压力相等，薄膜处于平直状态，轴浮在（　　）。

A. 上边　　B. 中间　　C. 下边　　D. 游动

77. 钻台阶孔时，为了保证同轴度，一般要用（　　）钻头。

A. 群钻　　B. 导向柱　　C. 标准麻花钻　　D. 双重顶角

78. 轴承内圈与主轴、轴承外圈与箱体孔装配时，采用定向装配法适用于（　　）。

A. 精度要求较低的主轴　　B. 精度要求一般的主轴

C. 精度要求较高的主轴　　D. 重载低速

79. 右轴承双向轴向固定，左端轴承可随轴游动，工作时不会发生（　　）。

A. 轴向窜动　　B. 径向移动　　C. 热伸长　　D. 振动

80. 蜗杆的轴心线应在蜗轮轮齿的（　　）面内。

A. 上　　B. 下　　C. 对称中心　　D. 齿宽右面

（二）判断题（第 81 ~ 100 题。将判断结果填入括号中。正确的填“√”，错误的填“×”。每题 1 分，共 20 分。）

（　　）81. 有些用背锥面作基准的圆锥齿轮，装配时只要将背锥面对齐对平，就可以保证两圆锥齿轮的正确装配位置。

（　　）82. 经纬仪可用于测量机床回转工作台的分度误差。

（　　）83. 测量噪声仪器使用前，必须对其做声压示值的准确校正。

（　　）84. 工件以外圆定位时的误差，设计基准在下母线时定位误差最大。

（　　）85. 压力阀在最大压力下工作时，接合处漏油属正常现象。

（　　）86. 工时定额由基本时间和辅助时间组成。

（　　）87. 接触器触头除有主、辅之分外，还可分成常开和常闭两大类。

（　　）88. 主轴的试车调整，应从低速到高速，空转要超过 2 h，而高速旋转不要超过 30 min，一般油温超过 60 ℃即可。

（　　）89. 螺旋机构传动精度低，不易自锁且传递扭矩较小。

（　　）90. 工艺尺寸链是组成尺寸全部为同一零件的工艺尺寸所形成的尺寸链。

（　　）91. 夹紧装置的夹紧力方向最好选择与切削力、工件重力相一致的方向。

（　　）92. 普通机床齿轮变速箱、中小机床导轨，一般选用 N46 号机械油润滑。

(　　) 93. 大型机床多段拼接时，在接合面用螺钉连接，用定位销定位。

(　　) 94. 对切削力影响较大的是前角和主偏角。

(　　) 95. 冬季刮削长导轨时，在保证直线度在公差范围内的情况下，应使导轨面成中凹状。

(　　) 96. 工件在夹具中定位时，绝不允许存在欠定位。

(　　) 97. 产生噪声的原因很多，其中较多的是由于机械振动和气流引起的。

(　　) 98. 高速旋转时，滑动轴承比滚动的轴承使用寿命长，旋转精度高。

(　　) 99. 在机床上安装液压缸时，要保证其轴心线与机床导轨平行。

(　　) 100. 在机床工作时所发生的振动，基本上有受迫振动和自激振动两类。

三、高级钳工技能试卷 A

(一) 机修钳工技能考核准备通知单

1. 材料准备如图 3－1－1 所示。

材料：Q235，备料图。

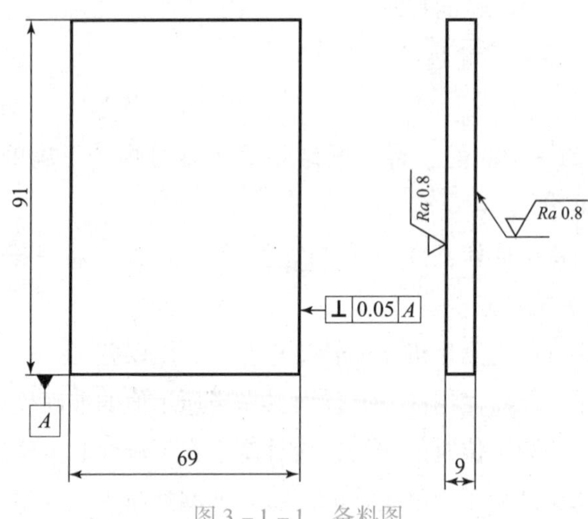

图 3－1－1　备料图

2. 设备准备：钳台、虎钳、台钻、砂轮机、平板等。

(二) 考场准备

1. 机床的机械精度和电气安全应处于完好状态。

2. 考场内必须有良好的通风设备，照明良好，场内干燥，无易燃易爆物品，安全措施齐全。

3. 给考场配备维修钳工、电工各一人。

(三) 工量刀具准备 (考生自备)

序号	名称	规格	精度	数量	备注
1	高度游标卡尺	0.02 mm; 0 ~ 300 mm		1	
2	游标卡尺	自定		1	
3	外径千分尺	0.01 mm; 0 ~ 25 mm	1 级	1	
4	外径千分尺	0.01 mm; 25 ~ 50 mm	1 级	1	
5	外径千分尺	0.01 mm; 50 ~ 75 mm	1 级	1	
6	外径千分尺	0.01 mm; 75 ~ 100 mm	1 级	1	
7	万能角度尺	2′; 0° ~ 320°		1	
8	刀口角尺	自定		1	
9	百分表	自定		1	
10	磁性表座	自定		1	
11	深度尺	自定		1	
12	塞尺	0.02 ~ 1 mm		1	
13	芯棒	ϕ8 mm × 15 mm		2	
14	钢板尺	0 ~ 150 mm		1	
15	锉刀	大、中、小、三角		自定	
16	直柄麻花钻	ϕ7.8 mm、ϕ7.9 mm、ϕ13 mm			
17	铰刀	ϕ8 mm	H7		机用、手用均可
18	手锯、锯条				
19	划针			1	
20	划规			1	
21	样冲			1	
22	手锤			1	
23	活扳手			1	
24	錾子			1	
25	计算器			1	

(四) 钳工技能操作试卷

1. 试题名称　角度配件。

2. 试题文字或图表的技术说明如图 3-1-2 所示。

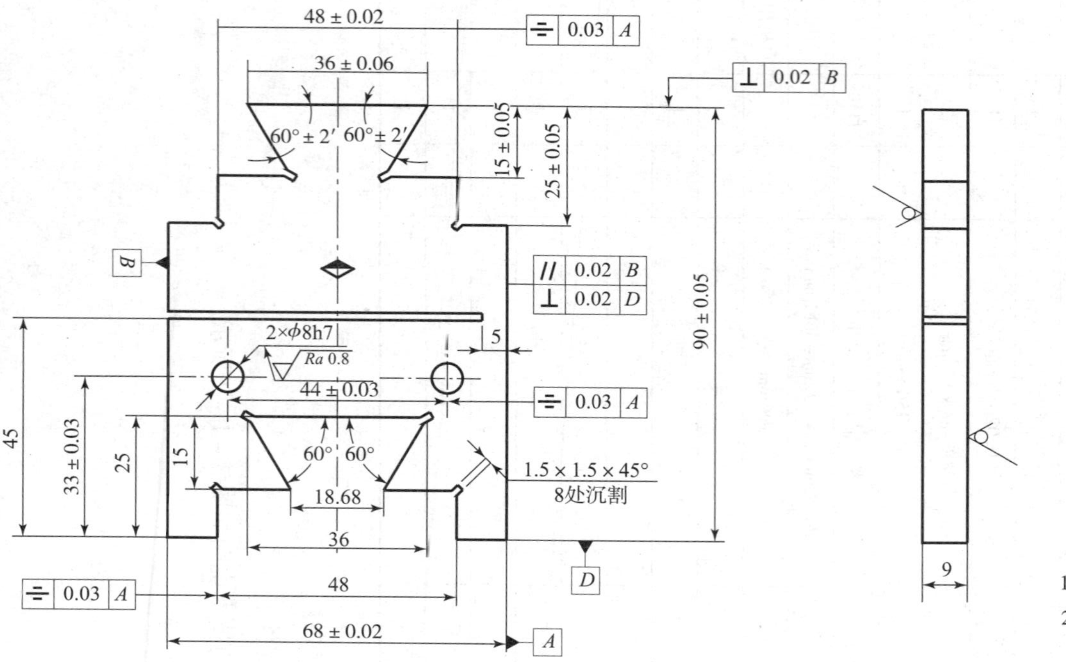

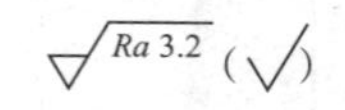

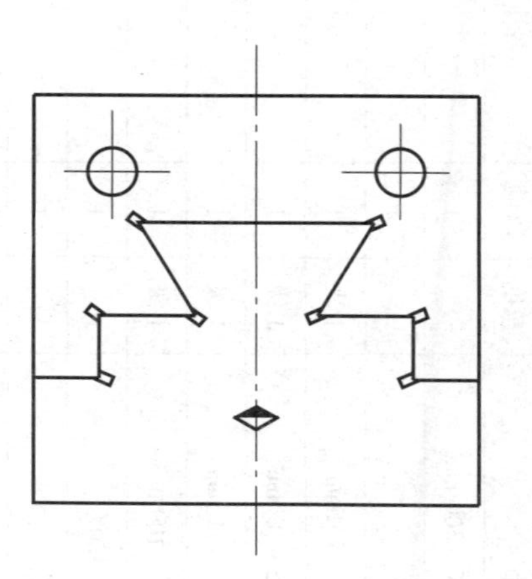

技术要求

1. 工件不得自行锯断，否则按废件处理；
2. 检测后锯断测量配合间隙≤0.05 mm，且两件能相互翻转即两个方向（18处）；
3. 不得使用钻模或二类工具进行加工；
4. 工艺倒角C0.3；
5. ◆ 打印标记。

图 3－1－2　角度配件图纸

3. 考试规则如下：

（1）所用试件数量必须按管理制度领用，试件要经统一打印钢号标记。

（2）考生应提前 15 min 持准考证进入指定的考位。

（3）考生在整个考试过程中，应遵循安全操作规程，做到文明生产。对违反考试规则不听劝阻或违反安全操作规程出现重大事故者，取消考试资格。

4. 考核总时限：共 270 min（不含准备时间）。

（五）考核项目

项目	序号	单项要求	单项分	评分标准	检测手段	检测结果	得分
尺寸角度	1	(90 ±0.05) mm	2	超差不得分	千分尺		
	2	(68 ±0.02) mm	4	超差不得分	千分尺		
	3	(48 ±0.02) mm	4	超差不得分	卡尺		
	4	(36 ±0.06) mm	2	超差不得分	千分尺		
	5	(15 ±0.05) mm（2 处）	4	1 处超差扣 2 分	深度尺		
	6	(25 ±0.05) mm（2 处）	4	1 处超差扣 2 分	深度尺		
	7	(33 ±0.03) mm（2 处）	6	1 处超差扣 3 分	卡尺		
	8	(44 ±0.03) mm	3	超差不得分	卡尺		
	9	60° ±2′（2 处）	6	1 处超差扣 3 分	角度尺		
	10	ϕ8h7 mm（2 处）	4	1 处超差扣 2 分	塞规		
形位公差	11	⌯ 0.03 A（3 处）	12	1 处超差扣 4 分	百分表		
	12	⊥ 0.02 B	4	超差不得分	刀口角尺、塞尺		
	13	⊥ 0.02 D	4	超差不得分	刀口角尺、塞尺		
	14	// 0.02 B	4	超差不得分	千分尺		
粗糙度	15	Ra 3.2（9 处）	9	1 处超差扣 0.5 分	对比		
	16	Ra 0.8（2 处）	1	1 处超差扣 0.5 分	对比		
配隙	17	配合间隙≤0.05 mm（18 处）	27	1 处超差扣 1.5 分	塞尺		
安全、文明生产	违反操作规程损坏工、量、刃具，出现人身机床事故酌情扣 2 ~ 10 分						

考评员		考场记事		检测员	

四、高级钳工技能试卷 B

(一) 机修钳工技能考核准备通知单

1. 材料准备：材料：Q235，备料如图 3－1－3 所示。

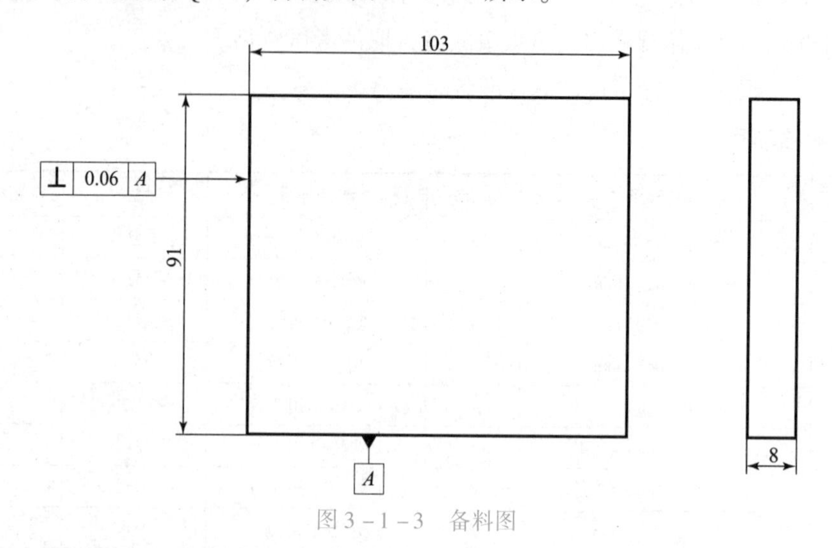

图 3－1－3　备料图

2. 设备准备：钳台、虎钳、台钻、砂轮机、平板。

(二) 考场准备

1. 机床的机械精度和电气安全应处于完好状态。

2. 考场内必须有良好的通风设备，照明良好，场内干燥，无易燃易爆物品，安全措施齐全。

3. 给考场配备维修钳工、电工各一人。

(三) 工量刀具准备（考生自备）

序号	名称	规格	精度	数量	备注
1	高度游标卡尺	0.02 mm;　0～300 mm		1	
2	游标卡尺	自定		1	
3	外径千分尺	0.01 mm; 0～25 mm	1 级	1	
4	外径千分尺	0.01 mm; 25～50 mm	1 级	1	
5	外径千分尺	0.01 mm; 50～75 mm	1 级	1	
6	外径千分尺	0.01 mm; 75～100 mm	1 级	1	
7	万能角度尺	2′; 0°～320°		1	
8	刀口角尺	自定		1	
9	百分表	自定		1	
10	磁性表座	自定		1	
11	深度尺	自定		1	

续表

序号	名称	规格	精度	数量	备注
12	塞尺	0.02～1 mm		1	
13	芯棒	ϕ8 mm×15 mm		2	
14	钢板尺	0～150 mm		1	
15	锉刀	大、中、小、三角		自定	
16	直柄麻花钻	ϕ13 mm			
18	手锯、锯条				
19	划针			1	
20	划规			1	
21	样冲			1	
22	手锤			1	
23	活扳手			1	
24	錾子			1	
25	计算器			1	

（四）钳工技能操作试卷

1. 试题名称　角度配件。

2. 试题文字或图表的技术说明如图 3－1－4 所示。

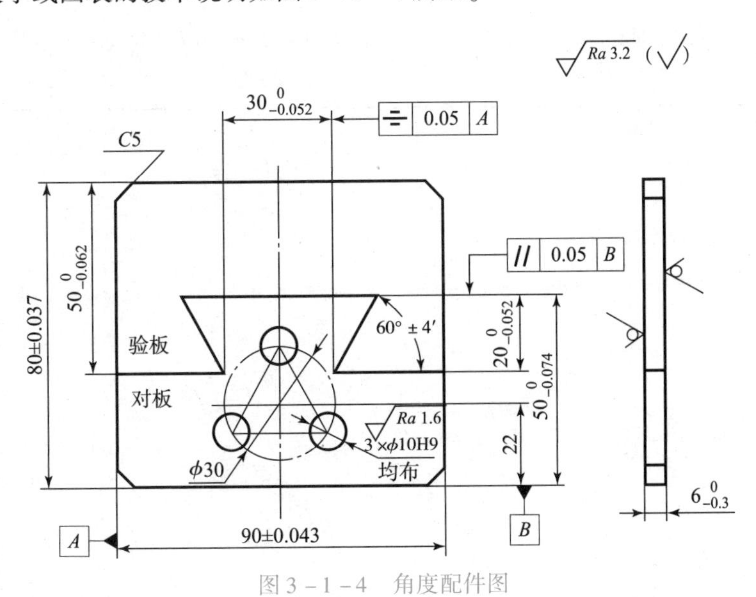

图 3－1－4　角度配件图

3. 考试规则

（1）所用试件数量必须按管理制度领用，试件要经统一打印钢号标记。

（2）考生应提前 15 min 持准考证进入指定的考位。

（3）考生在整个考试过程中，应遵循安全操作规程，做到文明生产。对违反考试规则不听劝阻或违反安全操作规程出现重大事故者，取消考试资格。

4. 考核总时限：共 270 min（不含准备时间）。

（五）考核项目

项目	序号	考核内容	配分	评分标准	检测结果	得分
主要项目	1	验板锉削尺寸 $50_{-0.062}^{0}$ mm　2 处	10	1. 超出公差带≤50%，扣除该项配分 1/2； 2. 超出公差带＞50%，扣除该项全部配分		
	2	验板锉削角度 60°±4′　2 处	10			
	3	对板锉削尺寸 $50_{-0.074}^{0}$ mm	4			
	4	对板锉削尺寸 $20_{-0.052}^{0}$ mm	6			
	5	对板燕尾槽对称度 0.05 mm	5			
	6	对板燕尾平行度 0.05 mm	5			
	7	配合间隙（单边）0.05 mm　5 处	25			
	8	配合后尺寸（80±0.037）mm	5			
	9	对板燕尾槽锉削尺寸（90±0.043）mm　2 处	4			
一般项目	1	3×ϕ10H9 mm	3			
	2	3×ϕ10H9 mm 等分误差 0.2 mm　3 处	3			
	3	铰孔表面粗糙度 Ra1.6 μm　3 处	3			
	4	锉削面表面粗糙度达 Ra3.2 μm　16 处	7			
安全文明生产	1	安全操作	6	违犯操作规程，扣 6 分		
	2	正确使用工具、量具，场地整洁	4	工具、量具使用不正确扣 2 分，其余不符合规定扣 2 分		